SHUILI SHUIDIAN SHIGONG

水利水电施工

2020 年第 3 辑

中国电力建设集团有限公司
中国水力发电工程学会施工专业委员会　主编
全国水利水电施工技术信息网

中国水利水电出版社
www.waterpub.com.cn
·北京·

图书在版编目（CIP）数据

水利水电施工. 2020年. 第3辑 / 中国电力建设集团
有限公司, 中国水力发电工程学会施工专业委员会, 全国
水利水电施工技术信息网主编. -- 北京 : 中国水利水电
出版社, 2020.12
ISBN 978-7-5170-9313-8

Ⅰ. ①水… Ⅱ. ①中… ②中… ③全… Ⅲ. ①水利水
电工程－工程施工－文集 Ⅳ. ①TV5-53

中国版本图书馆CIP数据核字(2020)第268497号

书　　　名	水利水电施工　2020 年第 3 辑 SHUILI SHUIDIAN SHIGONG　2020 NIAN DI 3 JI
作　　　者	中国电力建设集团有限公司 中国水力发电工程学会施工专业委员会　主编 全国水利水电施工技术信息网
出 版 发 行	中国水利水电出版社 （北京市海淀区玉渊潭南路 1 号 D 座　100038） 网址：www.waterpub.com.cn E-mail：sales@waterpub.com.cn 电话：(010) 68367658（营销中心）
经　　　售	北京科水图书销售中心（零售） 电话：(010) 88383994、63202643、68545874 全国各地新华书店和相关出版物销售网点
排　　　版	中国水利水电出版社微机排版中心
印　　　刷	清淞永业（天津）印刷有限公司
规　　　格	210mm×285mm　16 开本　8 印张　324 千字　4 插页
版　　　次	2020 年 12 月第 1 版　2020 年 12 月第 1 次印刷
印　　　数	0001—2500 册
定　　　价	36.00 元

辽宁省抚顺市境内的大伙房水库输水工程，中国水利水电第六工程局有限公司（以下简称水电六局）参建，该工程获2015—2016年度中国水利工程优质（大禹）奖

四川省凉山彝族自治州西昌市、盐源县交界处的官地水电站，水电六局承担了引水发电系统工程施工，该工程获2018年度中国电力优质工程奖

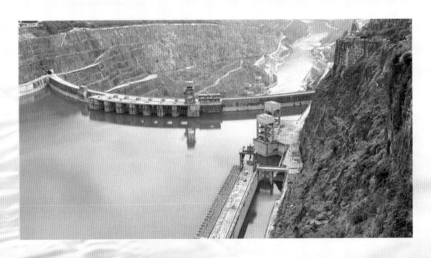

四川省雷波县和云南省永善县境内的溪洛渡水电站，水电六局承担了电站导流洞、尾水洞、出线竖井及出线场土建工程施工，该工程2016年获菲迪克工程项目杰出奖

江苏省溧阳抽水蓄能电站尾水系统工程，由水电六局承建，该工程获2020年度中国电力优质工程奖

云南省大理州境内的沙帽山一、二期96MW风电工程，由水电六局承建，该工程获2016年度中国电力优质工程奖

辽宁省葫芦岛市青山水库主坝工程，由水电六局承建

辽宁省丹东市境内的蒲石河抽水蓄能电站地下厂房系统及输水系统土建工程，由水电六局承建

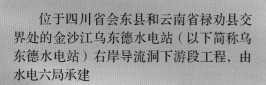

位于四川省会东县和云南省禄劝县交界处的金沙江乌东德水电站（以下简称乌东德水电站）右岸导流洞下游段工程，由水电六局承建

乌东德水电站进厂交通洞工程，由水电六局承建

乌东德水电站左岸转轮加工厂，由水电六局承建

乌东德水电站鱼类增殖放流站，由水电六局承建

贵州省兴义市小龙潭水利枢纽工程，由水电六局承建

新疆维吾尔自治区叶尔羌河流域的阿尔塔什水利枢纽大坝面板表面防护封闭工程，由水电六局承建

吉林省吉林市境内的丰满水电站全面治理（重建）工程，由水电六局承担水电站发电厂房及机电安装工程

云南省宣威市明德水库工程，由水电六局承担埋石混凝土大坝工程施工

吉林省汪清县西大坡水利枢纽工程，由水电六局承建

新疆维吾尔自治区乌恰县境内的卡拉贝拉水利枢纽工程，由水电六局承担左岸泄水建筑物工程施工

新疆维吾尔自治区皮山县阿克肖水库工程，由水电六局承建

广东省深圳市茅洲河流域（宝安片区）水环境综合整治万丰湖湿地公园项目，由水电六局承建，该工程获深圳市 2019 年度绿色施工示范工程奖

广东省深圳市茅洲河流域（宝安片区）水环境综合整治九标段项目，由水电六局承建，该工程获 2018 年深圳市优质结构工程奖

广东省肇庆市景福围江滨堤路改造工程，由水电六局承建

浙江省杭州市富阳区亚运会场馆及北支江综合整治 EPC 项目，由水电六局承建

四川省成都市轨道交通 8 号线太平隧道三岔站高架区间工程，由水电六局承建

四川省成都市轨道交通8号线第二绕城高速公路连续梁桥工程，由水电六局承建

浙江省湖州市德清通航孵化器配套产业大楼FEPC工程，由水电六局承建

浙江省杭州市第二水源千岛湖配水4标工程，由水电六局承建

广东省江门市中微子实验站配套基建工程，由水电六局承建

广东省安庆市水系综合治理工程，由水电六局承建

《水利水电施工》编审委员会

前　言

　　《水利水电施工》是全国水利水电施工技术信息网的网刊，是全国水利水电施工行业内刊载水利水电工程施工前沿技术、创新科技成果、科技情报资讯和工程建设管理经验的综合性技术刊物。本刊以总结水利水电工程前沿施工技术、推广应用创新科技成果、促进科技情报交流、推动中国水电施工技术和品牌走向世界为宗旨。《水利水电施工》自 2008 年在北京公开出版发行以来，至 2019 年年底，已累计编撰发行 72 期（其中正刊 48 期，增刊和专辑 24 期）。刊载文章精彩纷呈，不乏上乘之作，深受行业内广大工程技术人员的欢迎和有关部门的认可。

　　为进一步提高《水利水电施工》刊物的质量，增强刊物的学术性、可读性、价值性，自 2017 年起，对刊物进行了版式调整，由杂志型调整为丛书型。调整后的刊物继承和保留了原刊物国际流行大 16 开本，每辑刊载精美彩页，内文黑白印刷的原貌。

　　本书为《水利水电施工》2020 年第 3 辑，全书共分 7 个栏目，分别为：特约稿件、土石方与导截流工程、混凝土工程、地基与基础工程、机电与金属结构工程、路桥市政与火电工程、企业经营与项目管理，共刊载各类技术文章和管理文章 30 篇。

　　本书可供从事水利水电施工、设计以及有关建筑行业、金属结构制造行业的相关技术人员和企业管理人员学习、借鉴和参考。

编者

2020 年 6 月

目 录

Contents

Foundation and Ground Engineering

Electromechanical and metal structure Engineering

Road & Bridge Engineering, Municipal Engineering and Thermal Power Engineering

Enterprise Operation and Project Management

本栏目审稿人：杜永昌

中国水电发展热点研究方向思考

杨永江/中国水力发电工程学会

【摘　要】　2018—2019年中国水力发电工程学会分别承担了中国科协"应对气候变化的清洁能源发展现状综述"和"水电发展热点综述"两个前沿热点综述课题，并筛选出"水电与能源，水电与生态，水电与灾害"三个水电发展热点研究方向。现提供给大家，希望广大水电工作者共同思考、研究、实践，实现中国水电开发成为生态建设产业化和产业发展生态化的实践者，助力以产业生态化和生态产业化为主体的生态经济体系建设。

【关键词】　水电与能源　水电与生态　水电与文明

中华人民共和国成立70年来，中国共产党领导人民开展了波澜壮阔的水利水电建设，建成世界上规模最为宏大的水利水电基础设施体系，水利水电面貌发生了翻天覆地的变化，取得了举世瞩目的成就，彻底改变了数千年来中华大地饱受旱涝之苦，人民群众饱经用水、用电之难的艰辛局面，为经济发展、社会进步、人民生活改善和社会主义现代化建设提供了重要支撑，谱写了中华民族治水史、世界水利水电发展史上的辉煌篇章。

水电是全球公认的清洁能源。在传统能源中，水电是技术成熟、成本低廉的可再生清洁能源，同时还兼有防洪、航运、供水、灌溉、生态、旅游等经济、社会、环境效益，世界各国均把其列为优先发展对象。中华人民共和国成立70年来，中国水电在我国的能源体系中占据了重要位置，我国水电发展水平处于世界领先地位。1949年，全国水电总装机仅36万kW，年发电量仅12亿kW·h。截至2019年9月底，全国水电装机容量达到了3.6亿kW，年发电量1.2万亿kW·h，分别占全国电力装机容量和年发电量的18%左右，分别是中华人民共和国成立初期的1000倍，稳居世界第一。中华人民共和国成立后，党和国家十分重视发展水电，从第一座"自主设计、自制设备、自己建设"的大型水电站——新安江水电站开始，我国水电事业蓬勃发展。三峡、小浪底、百色、龙滩、刘家峡、葛洲坝、瀑布沟、拉西瓦等大型综合性水利水电枢纽屹立于江河之上。特别是党的十八大以来，遵循"创新、协调、绿色、开

放、共享"的新发展理念，我国水电开启了高质量发展的新征程。溪洛渡、向家坝、锦屏一、二级等巨型水电站相继建成投产，乌东德、白鹤滩等一批大型骨干水电工程正在加快建设，水电数字化、信息化、智能化水平不断提升，水电枢纽的防洪保安能力、水资源配置能力、生态调度水平不断增强，为国家发展提供了源源不断的优质电力、发挥了巨大的综合效益。

黄河水电开发，使历史上"三年两决口、百年一改道"的黄河，安澜了70年，用占全国2%的水资源量，承载了全国15%的土地、12%的人口。澜沧江水电开发，使枯水期径流量从占全年的21%提高到41%，流域内人民富裕、生态良好，并成功应对2016年受"厄尔尼诺"影响。湄公河流域的大旱，下游五国受益，获国际社会好评。澜沧江之水，将我国与下游五国的命运紧密联系在一起，形成命运共同体。

我国青藏高原平均海拔4000m以上，面积250万km²，与地球的南极、北极并称为"第三极"，又有"中华水塔"之称。这座超级"水塔"，当"闸门"打开，便以锐不可当之势向四周奔流，中国乃至亚洲的水系布局从此奠定。超级水塔孕育超级大河，养育了亚洲约30亿人口；蕴藏的水能占全国的44%，是世界上河流水能蕴藏量最集中地区；中国乃至亚洲的地貌、气候、水系都已形成。其中最具代表性的就是我国西南的"横断山脉"区域，发源于青藏高原的岷江、大渡河、雅砻江、金沙江、澜沧江、怒江等六条大江大河，在青藏高原的

东部边缘雕刻出七条大的山脉，又有"六江、七脉"之称，形成了 36 万 km²、海拔在 1000～4000m 的横断山脉区域。这一区域形成了干热河谷的气候特征，富集了我国近一半的水能资源。

我国拥有青藏高原的地利，成为世界上水能资源最丰富的国家。中国水电在规划设计、建设施工、设备制造、运营管理和投融资等全产业链世界领先，取得了"世界水电看中国"的辉煌成就，但是，我国水电开发利用程度还不高。根据最新复核成果，我国水电技术可开发量 6.87 亿 kW、年发电量约 3 万亿 kW·h，截止到 2018 年年底，常规水电装机容量 3.22 亿 kW，不到技术可开发量的一半，与发达国家相比还有较大差距，如瑞士达到 92%、法国 88%、德国 74%、日本 73%、美国 67%。我国剩余水电技术可开发量 3.65 亿 kW，主要集中在西南的横断山脉区域，约 3 亿 kW，是未来水电开发主战场。

中国水力发电工程学会（以下简称"水电学会"）"不忘初心、牢记使命"，面向未来，多次组织调研、研讨、研究水电发展的关键共性、前沿引领、现代工程、颠覆性、"卡脖子"等技术，服务国家重大战略部署、三大攻坚战等，推动经济技术融合发展。水电学会以水电高质量发展为导向，聚焦横断山脉区域水电开发的主战场，遴选出"水电与能源、水电与生态、水电与灾害"三个水电发展热点领域。

新时代，中国水电以习近平生态文明思想为指导，深入贯彻生态优先、绿色发展理念，肩负建设生态文明、美丽中国的历史使命，致力于流域生态保护和高质量发展，努力成为应对气候变化、实现绿色低碳发展的主力军。

中国水电是能源革命的推动者。中国水电决定了未来清洁可再生能源的发展。我国是世界上水能、风能、太阳能资源最丰富的国家，依托水电、风电、光电开发的人才和技术优势，通过风、光、水能互补开发技术，将现有的水电基地建设成风光水电力互补的清洁能源基地，推动我国走向清洁能源的新时代，实现能源革命。

中国水电是生态屏障的建设者。70 年发展的实践证明，水电站除对洄游鱼类产生负面影响外，对修复和改善陆生生态作用巨大。例如，我国第一座自主设计、建设的新安江水电站，几乎无人知晓，已被"千岛湖"所替代；雅砻江的二滩水电站，使植被稀疏的干热河谷变成国家级森林公园；黄河源水电站建成蓄水抬升地下水位，在黄河源沙漠中形成数千个月牙泉的奇观，真正使"沙漠变绿洲"。一座座水电站变成了绿水青山。我国水电资源 80% 集中在西部，河流落差巨大，洄游鱼类少，生态本底值低，建设水电站负面影响小。一方面，水电站水库的"冷湖效应"，有利于减缓冰川融化和雪线上升，可以增加水库周边的降水，促进植被生长，在沿江生态脆弱的干热谷区域形成一道道生态屏障，生态作用

大。另一方面，水电站水库还可以抬高地下水位从而起到涵养水源、修复湿地等生态功能的作用，将有利于青藏高原特别是河源区湿地保护与生态修复。因此，黄河上游、大渡河、雅砻江、金沙江、澜沧江、怒江流域梯级水电开发，形成了一道环绕在青藏高原边缘的生态屏障。

中国水电是国土安全屏障的建设者。西部江河，沟深流急，冲刷河床下切，容易引发两岸滑坡、崩塌、泥石流等地质灾害。水电站将水流的能量转化为电力，消除了河流下切的能量来源，减缓和消除了地质灾害的隐患，也减少了对生态的破坏。水电梯级开发顺应了河流自然演变过程中的阶梯化趋势，变被动为主动，减缓和消除了滑坡、泥石流等自然灾害，稳定河势，保护两岸稳定，起到与"梯田"保持水土和山体稳定类似的作用。西部水电开发是建设国土安全屏障工程。

中国水电是社会物质财富的创造者。水电具有投资大、工期长、长期经济效益好的特点，目前我国平均上网电价为 0.37 元/(kW·h)，水电只有 0.26 元/(kW·h)，是各类电源中最低的，可以充分发挥市场在资源配置当中的决定性作用，实现生态建设产业化，产业发展的生态化。

2018 年，水电学会通过承担了中国科协前沿热点"应对气候变化的清洁能源发展现状综述"课题，系统论述了"水电与能源"研究动态、前沿进展和重大突破，以及在未来可能的突破方向和发展趋势，并聚焦到风光水能互补开发方向上。通过创新，寻求突破，实现我国清洁能源高质量发展，以应对气候变化，推动我国能源发展走向清洁能源的新时代。

2019 年，水电学会通过承担了中国科协前沿热点"水电发展热点综述"课题，以我国未来水电开发主要集中区域——青藏高原的横断山脉区域为切入点，针对这一区域生态本底值低、敏感、脆弱，地质灾害频发的特点，聚焦水电与生态、水电与灾害两个重点领域。

青藏高原尤其是横断山脉是全球地质环境最脆弱的地区之一，地质条件复杂，地壳隆升、高地应力、地震、冻融、暴雨等内外动力强烈，河谷重大滑坡频发，链生灾害剧烈。集中在这一区域的大渡河、雅砻江、金沙江、澜沧江、怒江等大江大河是我国重要的水电基地，过去流域梯级水电规划的主要目标是：水力发电，兼顾水资源综合利用。今天，我们根据绿色发展的总要求，通过水电发展热点研究探索，将流域梯级水电开发的主要目标调整为：修复生态、防范地灾、水力发电，兼顾水资源综合利用。其研究热点：一是流域内重大滑坡识别、产生机理、规模评估等技术；二是流域内植被恢复的植物、土壤、湿度、温度、区域等综合技术；三是以满足防范地质灾害、修复生态、水力发电的水电梯级规划布局、规模、坝型、库容等多目标优化技术。

中华人民共和国成立 70 年来，中国水电取得了举世瞩目的成就，是镌刻在光辉岁月中的成绩单，更是面向未来奋进前行的智慧源泉。中国水电的硬实力已举世公认，创造了数不清的世界之最。在新时代，应着力打造中国水电的软实力，创立形成水电发展对青藏高原生态修复，预防和消减地质灾害等理论、技术和实践体系。

生态文明建设是关系中华民族永续发展的根本大计，充分利用我国得天独厚的水能资源，以水电开发为先导，助力以产业生态化和生态产业化为主体的生态经济体系建设，推进生态文明发展，建设"水旱从人，不知饥馑，时无荒年，谓之天府"的美丽中国。

河流是大地的刻刀，塑造了山川沟壑，广大水利水电工作者就是掌握这把刻刀的雕刻师，用我们的智慧和汗水，将最新最美的图画雕刻在祖国大地上。

本栏目审稿人：常焕生

300m级高心墙堆石坝施工关键技术研究与应用

吴高见　樊　鹏　韩　兴/中国水利水电第五工程局有限公司

【摘　要】　随着高堆石坝向300m级跨越，所面临的防渗安全备受关注。对于深厚覆盖层、陡窄河谷条件下的高堆石坝，保证地基处理、防渗体系、坝体填筑的施工质量显得尤为重要。长河坝水电站大坝为砾石土心墙堆石坝工程，建于深厚覆盖层上，坝体高240m，覆盖层和坝体的总高度293m，坝体高度大，地震设防烈度高达9度，河谷陡窄，坝体变形稳定和渗流稳定控制难度大，设计指标及施工质量标准高。项目开展了系统深入的科学研究，取得了丰硕的创新成果。本文简要介绍长河坝水电站大坝工程特点与施工难点，阐述大坝填筑采取的主要关键技术，对类似工程施工具有很好的借鉴意义。

【关键词】　心墙堆石坝　施工　关键技术　新工艺

1　工程概况

长河坝水电站位于大渡河干流上游，是大渡河水电规划"3库22级"的第10级电站。工程枢纽建筑物由砾石土直心墙堆石坝、左岸引水发电系统和右岸泄洪洞系统组成。水库总库容10.75亿 m³，有效库容4.15亿 m³。电站总装机容量2600MW。

拦河大坝为砾石土直心墙堆石坝，坝顶高程1697m，最大坝高240m，大坝心墙底高程1457m，坝顶宽度16m，上、下游坝坡1:2。大坝总填筑量3417万 m³。坝基覆盖层设两道混凝土防渗墙，上游副墙厚1.2m，主墙厚1.4m。

2　工程特点与施工难点

2.1　工程特点

长河坝水电站大坝施工条件复杂，具有"两高、一大、一深、一窄"的工程特点。"两高"为坝高240m，底部60～70m覆盖层，总高近300m；地震烈度高，大坝地处8级地震地区，抗震设防等级为9度。"一大"

即填筑规模大，长河坝大坝填筑总量3417万 m³。"一深"为深覆盖层，坝基覆盖层厚60～70m，局部达79.3m。"一窄"为陡窄河谷，河谷宽高比仅2.09，岸坡坡度70°以上。河谷拱效应和蓄水水位陡涨效应显著，水库初期蓄水期无控蓄能力，初导洞下闸后2天内坝前水位快速上升约72m。长河坝大坝是目前国内外建在深厚覆盖层上的最高心墙堆石坝，施工极具挑战性。

2.2　施工难点

（1）设计指标及施工质量标准高。本工程是超现行设计及施工规范标准的大坝（现行的设计及施工规范中均明确对于高于200m以上的高坝应进行专项研究、专题论证），质量要求高。其中，砾石土心墙料压实度以全料压实度和细料压实度进行双控，全料的压实度应不低于0.97（击实功2688kJ/m³）；细料压实度不低于1.00（击实功592kJ/m³），经碾压试验获取了心墙土料碾压参数为：26t凸块碾，静碾2遍＋振碾12遍。反滤料技术要求高，设计填筑4种反滤料，设计指标与要求各异，传统掺配工艺控制精度低，掺配质量不易保障。

（2）天然砾石土料场成因复杂、均匀性差。心墙土料场土料天然含水率在1.7%～19.3%，平均为9.8%，P_5含量变化范围在7%～90%，平均为49.1%，小于

0.075mm含量变化范围在8%～64%，平均为30.4%，小于0.005mm含量变化范围在1.6%～26.3%，平均10.3%，料场超径（>150mm）平均含量约5.6%，超径含量高。土料各项检测指标变化大，空间分布均一性差，料场天然土料级配指标大多难以满足设计要求，无法直接满足心墙填筑质量及规模化施工要求，需要进行土料超径剔除、不均匀土料的掺配及含水率的调整等多项制备工序，土料开采制备难度大，施工质量控制环节多。

（3）堆石料场岩石坚硬、剥采困难。本工程规划了两个石料场，大坝上游的响水沟石料场供应大坝上游堆石、过渡料，下游江咀石料场供应大坝下游堆石、过渡及反滤料加工系统原料。料场岩性以花岗岩、闪长岩为主，岩石饱和抗压强度达190MPa，岩石强度高，工程前期进行了大量的过渡料爆破试验，在炸药单耗达2.5kg/m³的情况下，仍不能获得质量稳定的过渡料。

3 施工关键技术

结合长河坝水电站大坝工程实际特点和施工难点进行了大量现场试验、理论分析与实践应用研究，并注重新技术和新设备的研发，分别开展了复杂条件下心墙土料的改性制备工艺、土石坝精细化的系列新设备、基于信息技术的质量检测和控制新方法以及生态环保的绿色施工等关键技术的研究，提升超高堆石坝施工技术能力。

3.1 心墙土料改性的成套施工新工艺

在传统料场勘察方法基础上，针对长河坝水电站大坝砾石土料场空间分布极度不均匀的问题，采用基于P₅含量等值线的料场勘察方法，将料场中同一地质成因的土料在空间上进行P₅含量分区分级，查明了偏粗料、合格料、偏细料分布特征及其分区储量，为料场合理开采利用提供了充分的依据，并取得了良好的效果。

为确保土料上坝填筑质量，通过工艺比选及试验，选择用于矿山及骨料生产系统的棒条式振动给料机经调整筛条长度、间距作为超径（>150mm）剔除设备，并根据工程强度要求配套建设了5套钢筋混凝土结构的筛分楼。筛分楼设有箱型结构的受料斗、筛分设备安装层以及满足装载机出料的出料层，该筛分系统筛余料中有用料平均比例仅为0.2%，透筛率高，单台产能可达670t/h。

对于粗细料，以P₅作为控制指标进行掺配来提高土料利用率。研究应用公路工程的稳定土搅拌系统作为土料掺混的机械制备系统，通过定量给料、计量输送和强制搅拌掺混，实现掺配土料的自动配料、均匀掺混的生产工艺。在设备选型基础上，针对本工程土料粒径大、黏性高、含水高的特点对成套设备进行了改进，调整了搅拌叶片间距、配料仓的仓壁坡度，并完成了一定

场次的测试试验，应用表明：掺拌生产均匀性好，可有效解决传统工艺掺配存在的掺配均匀性差、黏土结块等问题，实际产能可达700t/h。

依托毛尔盖大坝工程，通过跟踪检测与计算，研发了均匀布坑、畦田灌水、渗透扩散、计时闷存的砾石土料含水量调整方法，保证了大坝心墙土料最优含水率要求。研制了移动式自动加水装置，可实现土料连续定量均匀加水。针对长河坝工程高含水的土料，研究采用分层翻晒工艺调整含水率，并研制了适用于推土机的快速翻晒装置。

在长河坝工程中，应用上述技术，综合利用69.5万m³的料场偏粗、偏细料及31.6万m³高含水土料，料场开采与坝面填筑数量比为1.41，远小于规范推荐的料场规划与坝料填筑的数量比例（2.00～2.50），土料开采利用率大幅提高，从而取消了新联料场，减少耕地占用51万m²，同时保证了心墙料物理力学性能的均一性。

3.2 反滤料精确掺配工艺研究

依托人工骨料系统，通过进行反滤料掺配工艺试验、基本技术参数采集、自动化控制系统编程等确定了反滤料精确掺配生产工艺，其工艺原理为：砂、小石、中石、大石在胶带运输机上依次下料平铺，根据反滤料设计级配对各粒径骨料掺配含量确定下料流量，首先通过调整电动弧门开口大小的方式控制下料流量范围，再由中控室远程控制变频器振动给料机精确控制，由给料机下的皮带秤在线反馈流量，通过工艺性试验现场采集参数进行自动化数据编程，从而实现反滤料的自动化掺配。

利用电子皮带秤针对反滤料在指定频率的下料速度稳定性进行了测试，评价振动给料机变频精度，给料变频技术能将精度控制在1%～3%，较传统工艺控制精度提高3%～5%。

3.3 高标准过渡料机械破碎加工技术

过渡料机械破碎加工技术是通过对合理单耗的爆破原料再进行二级破碎，粗碎控制最大粒径、中碎调整级配的过渡料制备工艺。该技术较爆破直采法产出的过渡料级配更稳定，并可有效解决硬岩、偏硬岩条件下过渡料爆破直采难度大、利用率低等问题。

长河坝工程料场岩石强度高，通过应用过渡料机械破碎加工技术对料场爆破的堆石料进行二级破碎加工，经过颚式破碎机粗碎后，可有效控制最大粒径，50%的破碎料再经圆锥式破碎机中碎后经胶带机混合获得了质量稳定的过渡料。

3.4 精细化的土石坝施工新设备、新技术

（1）高陡边坡盖板混凝土反轨液压爬模的研制。针

对高陡、薄层混凝土盖板施工困难问题，研发了边坡混凝浇筑反轨液压爬模及自动控制系统；通过研制的轨道实现液压爬模的着力与支撑；以反向托轮控制混凝土的浮托力；实现侧向模板的自动升降和模板长度方向的调节。自爬式反轨液压爬模在长河坝工程边坡盖板混凝土施工中投入了生产应用，爬模能够实现自动爬升，速度可达 80cm/h。利用反轨系统完全能够克服混凝土浮托力，混凝土浇筑质量良好，仓面平整度控制在±5mm以内。

（2）盖板混凝土基面高塑性黏土机械化喷涂技术。为保证高塑性黏土和混凝土压板结合效果，需在压板表面涂刷 3～5mm 泥浆。在类似工程中，泥浆通常采用人工涂刷，施工效率低，且厚度不易保证，均匀性差。为了改善传统工艺的不足，研究开发了机械喷涂工艺，泥浆在压缩空气作用下，经过滤输送至喷头形成有压流达到喷涂黏附的效果。以德国制造的瓦格纳尔 PC 喷涂机作为喷涂设备，结合多次现场工艺试验，确定了泥浆可喷配比及浆液比重。制定的喷涂工艺流程为：泥浆制备→润管→注浆→试喷→正式喷涂至设计厚度。

盖板泥浆喷涂工艺是土石坝高塑性黏土填筑中混凝土盖板基面传统泥浆涂刷工艺的革新，工艺设备安装简便、快捷，操作方便，施工效率高、质量效果好。检测机械喷涂厚度分布 3.7～4.0mm，平均厚度 3.87mm，离散系数仅为 0.01。统计机械喷涂作业效率可达 1m²/min，较人工涂刷工艺提高了 2 倍以上。

（3）双料摊铺工艺。为解决常规土石坝土-砂分界面"先砂后土"法施工存在的料种相互侵占、填筑尺寸不规范、施工效率低等问题，研发了心墙区界面双料摊铺器，实现了大坝心墙料与反滤料、不同反滤料分界面摊铺一次精确成型，该装置结构合理、操作简单，界面坡比可调，形体准确，有效提高了施工效率和摊铺质量。摊铺器是采用型钢和钢板加工而成的无底箱式结构；摊铺器中间设置料仓分隔钢板，分隔板在出料口以下的倾角与心墙设计坡比一致。双料摊铺后侧的出料口高度根据对应料种的碾压试验沉降率确定，出料口高度即为两种料的摊铺成型厚度。双料摊铺工艺可有效解决常规土石坝土-砂分界面"先砂后土"法施工中存在的料种相互侵占、混染、填筑尺寸不规范、施工效率低等问题，避免了传统工艺带来的分界区物料分离，提高了界面接合质量。

（4）振动碾无人驾驶技术。在长河坝水电站大坝工程中，对碾压机械作业技术进行进一步深入系统的研究，研发了振动碾压机械无人驾驶技术。开发了振动碾机身电气及液压控制系统、集成应用卫星导航定位、状态监测与反馈控制、超声波环境感知等技术，首次实现了振动碾的无人驾驶作业，精确控制碾压作业，提高了碾压质量和施工效率。

研发的振动碾机身电气及液压控制系统，由电气主

控制器完成参数设定，就地控制器控制行走、转向、振动等状态，实现振动碾工作状态的自动控制。利用卫星导航定位技术实现机身位置、方向定位和路径控制，根据指定施工区域建仓规划，进行碾压路径自动设定及差异化调整。利用角度编码器、倾斜传感器等进行振动碾行驶状态、姿态的检测，实现了机身自动控制系统的补偿控制，提高作业精度。研发了振动碾显示控制器，进行碾压参数设定，实现作业区域、作业环境、施工参数及行驶状态等的实时显示。研究采用超声波环境感知系统，实现自动障碍避让。开发了低频段无线遥控应急装置，进一步提高了振动碾应急制动的可靠性。

首批 5 台无人驾驶的振动碾已成功应用于长河坝大坝施工，总运行时间超过 5000h。应用成效：在质量控制上，可避免漏压、欠压，直线行走偏差±10cm 以内，行走速度偏差 0.1km/h，并有效控制超压现象，确保一次碾压合格率（均值约 97.1%）；在施工效率上，对比人工驾驶作业施工效率提高约 10.6%，同时可缩短间歇时间，延长工作时间约 20%；在安全风险控制上，可降低人为影响和夜间施工安全风险；在劳动保护上，可有效减少振动环境下对人体的损伤，减少了人力资源的浪费。

（5）坝料自动加水系统的研制。坝壳料采用坝外加水，利用已获国家专利的智能加水系统向运料车内自动加水。该系统与坝料计量称重系统有效绑定使用。系统能够有效保证加水量，且实现自动控制，结构简单、安全可靠、经济。系统通过检测车载无线射频卡自动识别地磅系统测得的该车坝料重量，计算出适宜加水量，并利用液体流量传感器及电磁阀控制水流开关，实现智能化加水。长河坝工程高峰监控车辆达 272 辆，系统能够有效保证加水量，且实现自动控制，结构简单，安全可靠。

3.5 基于信息技术的质量检测和控制新方法

（1）车载移动试验室和砾石土含水率快速检测技术。研制了用于砾石土快速烘干的大型红外微波设备，在不破坏土体本身结构的情况下，实现了土样快速加热烘干，大幅度缩短了含水率检测时间。研发了由红外微波烘干设备、高精度流量计及其他测试计算设备组成的车载移动试验室，可在 20min 内完成土料含水率的快速测定，不仅使干密度的检测时间缩短了近 7h，而且提高了试验检测的准确性。

根据大量的试验数据，论证确定砾石饱和面干含水率相对固定，据此提出了砾石饱和面干含水率测定替代法，通过对细料含水率的测定与加权计算，快速获得砾石土心墙料的含水率，检测时间比传统方法缩短了 6～8h，效率提高了 4 倍。

（2）基于三维激光扫描的堆石坝填筑体碾压密实质量检测技术。提出了基于三维扫描的堆石坝填筑压实度

检测技术，通过采用改进 ICP 迭代法处理点云配准问题，比传统的 ICP 法迭代的精度和迭代效率均有所提高，精度提高 10%～20%，时间缩短到 10min 左右；采用地面 Delaunay 三角网法对点云进行建模，其网格最接近真实地面起伏情况；采用碾压区域的栅格化检测技术，实现了对填筑面任意区域的质量检测，并且标记不合格区域并反馈给监测中心，用于指导及时的补充碾压。

（3）图像筛级配检测技术。针对堆石坝坝料级配检验工作难度大、效率低及误差大等弊端，基于当代先进的无损检测理念，将数字图像处理技术融入坝料颗粒级配检验之中，同时结合人工智能和大数据等先进手段，开拓性地摸索出了一整套方便、快速且精准的坝料颗粒级配检验技术。基于坝料颗粒的分形尺度特征，以各种图像处理技术的运行可行性、效率及精度为标准，探究了以 MATLAB 为平台，综合小波去噪、对比度增强和 Ostu 阈值分割等为一体的坝料数字图像处理技术。通过颗粒尺寸分布数学模型描述坝料的级配分布特征，利用模型中的特征参数来反映坝料级配特征，实现了坝料级配的多维描述。基于大数据统计思想，通过叠加数个单位小尺度实现对大尺度的检验。同时，从侧面上实现了对坝料微米级别颗粒的检验，大大减小了工作量并提高了技术的可操作性。基于一系列人工智能算法，"迂回式"地对误差进行了规避，保证了检验的精度。此外，基于一定的软件平台，开发了坝料颗粒智能识别系统，进一步简化了操作，实现了级配检测程序化、自动化。

（4）基于地基反力测试的车载压实质量检测方法。开展了基于地基反力测试的车载压实质量检测方法研究，在充分研究国际现有指标体系的基础上，从地基反力测试的原理和机制出发，结合信号分析处理方法确定实时检测指标，通过系列现场试验，验证了用峰值因素 CF 值来表征堆石坝粗粒料常规压实检测参数（干密度、相对密度、孔隙率等）的适用性。建立了 CF 在粗粒料上与碾压参数的多元回归模型，对回归模型精度进行对比，发现 CF 指标的预测模型误差较小，作为堆石坝不同坝料压实状态的表征指标更为科学、合理。

（5）GPS 碾压实时监控系统的应用。长河坝大坝施工全过程应用数字化大坝监控系统，通过在碾压设备安装高精度 GPS 移动终端，经基站将碾压信息进行处理和传送，实现现场分控室对设备的碾压过程实时监控。GPS 数字化监控系统具有全方位实时监控各项碾压参数（碾压遍数、速度、激振力、碾压厚度）的特点，能够有效避免漏压、欠压现象，严格控制压实厚度，真正实现了过程可控。

（6）基于无线微波传输的信息管理平台的开发。通过构建以无线微波技术作为数据传输链路媒介的无线传输网络，建成综合性的数字化信息管理中心，利用无线

微波传输技术实时收集传输坝区各施工作业面、交通运输、防汛及危险山体监控的相关信息，从而实现后方管理中心进行坝料称重计量监控、车载加油信息监控、实时碾压监控、拌和作业信息监控、边坡危岩体监控、洪汛监控等系统的集中管理。研究开发建立一套适应快速施工节奏的以移动平板及 PC 端为终端的施工信息管理平台，包括地磅称重数据实时反算填筑方量的进度曲线与测量收方统计图的施工进度管理系统；试验检测数据统计及反映数据波动曲线、填筑厚度与质量验收评定的质量管理系统；油料消耗与设备数量统计的材料物资管理系统；交通超速抓拍与防洪、危岩体监控的安全管理系统；施工日志、现场照片、测量、试验等基础数据录入的移动平板办公管理系统等。完全实现质量、安全、进度、物资、文档及计量的动态智能管理，大幅度缩短了管理路径，提高了管理效率。

3.6 绿色施工技术

（1）筑坝料混装炸药开采爆破技术。石料场开采规模大，应用混装炸药爆破技术具有完全耦合装药、炮孔利用率高、有利于级配控制、装药效率高等优点。通过大量的爆破试验获得了满足坝料级配要求的可靠参数、防渗漏措施等。两种爆破对比分析：堆石超径率降低 0.5%，过渡料半成品利用率提高 8%～10%，装药效率达 240kg/min，提高约 40%，可节约劳动力约 50%。

（2）LNG 环保汽车的应用。液化天然气被公认是现在地球上最干净的燃料。为减小长河坝工程长隧道运输产生烟尘带来的安全隐患，降低长隧道通风排烟难度，以达到节能目的，同时，保障能源供给，避免"柴油荒"对施工运输作业进度的影响，本工程引进数十辆 LNG 自卸汽车作为下游江咀堆石料料场的运输车辆，并完成加气系统的配套建设。实践证明，LNG 车辆完全能够适应水利工程大坝填筑运输条件，并可节约 20% 左右的燃料费用，经济效益和社会效益显著。

（3）箱型承压板跨心墙技术。基于心墙土料静动力非线性特性、弹塑性理论和有限单元法，揭示了不同跨心墙道路型式及运输车辆作用力下的心墙应力变形分布规律和影响范围，进行了心墙抗剪强度分析，为跨心墙道路型式提供了理论依据。通过系统的理论分析和现场试验，同时开展大量的现场测试，获得了行车过程中车辆荷载对土体的作用模式，论证并确定了合理的跨心墙运输道路方案和运行参数，研发了可拆装式箱型承压板跨心墙技术，均化了车辆荷载，有效控制了对心墙土体的影响；在 60t 载重汽车通行条件下，实测减压板方案的表层最大附加压力为 69.2kPa，为轮压值的 9.5%。跨心墙技术的应用，在极大程度上促进了料源平衡优化，避免长距离绕坝运输，取得了良好的节能减排效果。

同时，通过土料改性研究，合理规划开采料场，取

消了第二土料场，节约耕地 765 亩，减少了移民搬迁；采用振动碾无人驾驶技术，避免了强烈振动环境对操作人员的伤害；研究采用的机械化成套设备和高效施工技术，计算减少耗油量 33 万 L，减少 CO_2 排放 831t、SO_2 排放 1.32t、NO_x 排放 6.7t、CO 排放 3t。节能减排效果明显，有效保护了环境，实现了绿色施工。

4 结语

长河坝大坝系列新技术和新工艺的应用，有效保证了施工质量。2016 年 9 月 10 日，大坝提前合同工期 4 个月填筑到顶。工程先后经过 13 次质量监督总站质量巡检，大坝填筑全过程处于受控状态，得到质量专家好评，并多次被评为"优秀工作面""质量示范区"。目前大坝渗控及变形均满足设计要求，大坝运行状况良好。

通过对长河坝大坝施工关键技术研究与工程实践，形成了系统的施工与质量控制技术，解决了深厚覆盖层上 300m 级高心墙堆石坝建设的一系列工程技术难题，保证了深厚覆盖层上筑坝的工程质量和防渗安全。研究成果形成 3 项行业标准，取得 50 余项国家专利，形成多项国家及省部级施工工法，相关技术已在两河口、双江口等大型水电工程应用，经济效益、社会效益与环境效益显著，具有广泛的推广应用前景。

300m级特高土石坝施工期心墙沉降监控模型研究

刘　健　方达里　王爱国/雅砻江流域水电开发有限公司

【摘　要】 心墙沉降是两河口300m级特高土石坝的控制性安全监测项目，结合室内试验、监测、施工进度等资料研究了心墙砾石土的沉降特性，并建立施工期沉降监控模型。研究表明：沉降变形的发展呈明显的阶段性，即沉降环埋设初期的快速沉降期、填筑进度平缓进行的匀速沉降期以及填筑高峰期的加速沉降期；以填筑因子与时效因子为组合的监控模型具有良好的解析力与拟合度，计算实例4个测点判定系数R^2在0.938～0.972；施工期沉降产生的主导因素是填土层上覆的外压荷载，就已填筑高程1/2～2/3区段而言，施工期沉降变形所占的填筑分量与时效分量分别约占95%与5%；监控模型具有良好的外延性，在近一个月外延区间预测误差不超过9.04mm，通过不断延长建模时序以修正模型参数，可提高预测精度进而指导施工；研究具有一定的工程实践意义。

【关键词】 特高土石坝　心墙沉降　监控模型　两河口水电站

1 引言

随着国家能源发展战略行动计划的实施，以及西部大开发战略、西电东送工程的推进，我国水能资源开发进入了一个新的阶段。近年来，我国的高坝大库建设工程正如火如荼，其中特高土石坝作为适应地理位置偏远、自然环境条件恶劣的优良解决方案，在水利水电工程领域发挥了不可替代的作用。在此背景下，我国特高心墙堆石坝也取得了一系列成就，2013年建成坝高261m的糯扎渡心墙堆石坝，2017年建成坝高240m的长河坝心墙堆石坝，当前正在兴建的两河口及双江口300m级特高心墙坝坝高分别为295m、314m。此外，处于规划设计中的特高土石坝还包括其宗（356m）、日冕（346m）、如美（315m）、古水（305m）、罗拉（295m）等。

当前建设中的300m级特高土石坝的建设已突破国内现行土石坝规程规范的适用范围（已有规范适用于200m及以下堆石坝），且无同体量的类似工程经验供参考。除此之外，由于此类工程多地处高寒高海拔地区，大坝冬季施工面临土料受冻、结冰结霜等特殊难题。工程的设计和施工面临前所未有的难度，大量的科学技术问题亟待攻关解决。

坝体变形是300m级特高土石坝施工期监测的重点，而心墙沉降量是大坝主要监测的控制性项目，也是评价大坝安全和填筑质量的重要指标。定性分析是当前土石坝沉降安全监测资料整编分析常用的方法，旨在掌握沉降发展的演化规律。而挖掘心墙沉降变形数据中所蕴含的监测信息，进一步反馈设计、调控施工进度并分析沉降变形产生的机理机制，则需要建立合理的特高土石坝心墙沉降数学监测模型定量分析。所谓监控模型即在使模型具有较强拟合解析力的基础上，在一定的外延区间上具有较高的预测精度，并可根据预测成果进行监控指标拟定。本文在定性研究心墙砾石土室内压缩试验特性、沉降规律及其与施工进度的相关性的基础上，合理构造沉降变形的相关因子并建立施工期沉降监控模型，以期反馈现场施工进度与质量控制，于工程而言可发挥一定的实践指导作用。

2 工程简介

2.1 工程概况

两河口水电站位于四川省甘孜州雅江县境内的雅砻江干流上，电站坝址位于雅砻江干流与支流鲜水河的汇合口下游约2km河段，下距雅江县城约25km。电站水库正常蓄水位2865m，总库容107.67亿m³，调节库容65.6亿m³，具有多年调节能力。水电站装机容量300万kW，多年平均年发电量为110亿kW·h，设计枯水年供水期（12月至翌年5月）平均出力113万kW。通过两河口水库调节可增加雅砻江与金沙江下游、长江中下游梯级电站多年平均年发电量超过160亿kW·h，是目前国内调节性能最优越的水电站之一，也是目前世界上综合规模和难度最大的土石坝工程之一。

两河口水电站枢纽建筑物由砾石土心墙堆石坝、地下引水发电系统、泄水建筑物组成，采用"拦河砾石土心墙堆石坝+右岸引水发电系统+左岸泄洪放空系统+左右岸导流洞"的工程枢纽总体布置格局。

2.2 大坝心墙监测布置

根据规范要求、工程地质条件以及砾石土心墙堆石

坝结构设计与计算分析成果，两河口300m级特高砾石土心墙坝最大坝高处设一个主要监测断面，在左右岸岸坡处各布设两个监测断面。其中1-1断面为左岸变坡处的断面，2-2断面为辅助监测断面（左岸较陡的岸坡处），3-3断面为最大坝高监测断面，4-4断面位于右岸断层出露的地质复杂处，5-5断面为右岸靠山侧辅助监测断面。

监测项目主要开展了表面变形、内部变形、界面变形、坝体坝基渗流渗压、坝体土压力、廊道钢筋应力、地震反应等监测。针对心墙的沉降变形，布置了电磁沉降管、横梁式沉降仪、大量程位移计和柔性测斜仪等监测仪器（图1）。

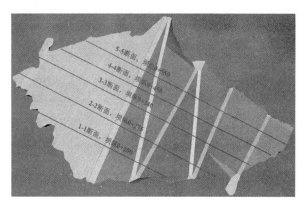
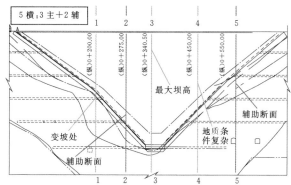

图1 两河口水电站枢纽监测断面布置图

3 沉降变形监测分析

就砾石土心墙坝的心墙沉降变形而言，其沉降变形产生的机理机制较为复杂，主要存在以下几个方面的耦合：①随着填筑高度增加而增加的变形与时效变形间的耦合；②填筑过程中产生的压缩变形、由于孔隙水压消散而产生的固结沉降以及持续土压力状态下产生的土骨架蠕变三者间的耦合作用；③黏土与砾石土间的应力耦合承载及变形协调作用。

3.1 砾石土的压缩特性及室内试验

上覆填土自重是下部已填心墙所承受的最主要外荷载。由于填筑高程随施工进度不断增加，因此自重土压力是一个变荷载，进而致使土的压缩程度也随之变化。由于掺砾土料可增加纯黏性填土的抗压刚度、降低沉降量、避免水力劈裂缝的出现与扩展并兼顾施工控制含水量及碾压等优良特性，因此，国内外已建高土石坝、特高土石坝多采用砾石土做心墙防渗体。

较之纯黏土而言，心墙填土的沉降除受黏土性质还受到掺砾料的比例及性质影响，图2为两河口掺砾土料在侧限条件下压缩试验所得 $e-p$ 曲线。由此可知：$e-p$

曲线初始段，斜率较大，孔隙比随外压荷载的增大迅速降低，相应地掺砾土体压缩量也相对较大；随着垂直外压荷载的不断增加，掺砾土料的密实度随之提高，土颗粒间的移动亦越趋困难，因此 $e-p$ 曲线斜率有所降低，其对应的压缩系数减小，压缩模量增加。两河口掺砾土料侧限条件压缩试验成果分析见表1。

压缩系数 a 表征了单位垂直外压荷载下孔隙率的减小量，可根据 $e-p$ 曲线函数计算，即

$$a = \frac{\mathrm{d}e}{\mathrm{d}p} \tag{1}$$

对于没有拟合公式的 $e-p$ 曲线，往往用曲线上两点间的割线斜率代表某一荷载段的压缩特性，即

$$a = \frac{-\Delta e}{\Delta p} = \frac{e_1 - e_2}{p_2 - p_1} \tag{2}$$

式中 p_1、p_2——垂直向外压荷载；

e_1、e_2——p_1、p_2 对应的压缩孔隙比。

3.2 心墙沉降的演化规律

为全面细致地了解心墙掺砾土料的沉降演化规律，分别选取两河口大坝最大坝高断面的总沉降测点（电磁沉降环）与分层沉降测点（横梁式沉降仪）进行研究。

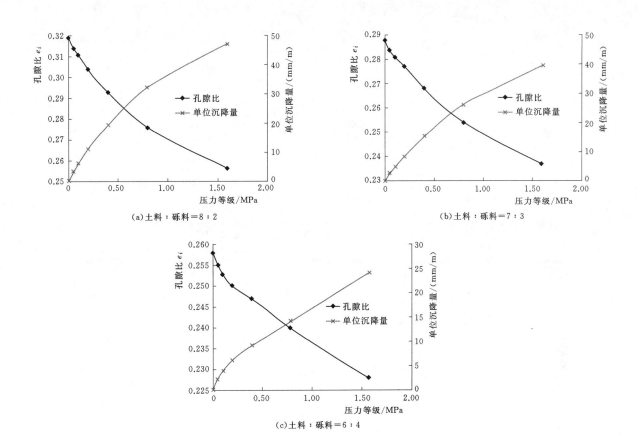

图2　两河口掺砾土料 e-p 曲线

表1				两河口掺砾土料侧限条件压缩试验成果分析表							
掺砾方案 土料∶砾料	试验 状态	干密度 /(g/cm³)	比重 G_s	压缩特性	压力等级/MPa						
					0.00	0.05	0.10	0.20	0.40	0.80	1.60
8∶2	饱和	2.07	2.73	孔隙比 e_i	0.319	0.314	0.311	0.304	0.293	0.276	0.256
				单位沉降量/(mm/m)	0.00	3.52	6.32	11.22	19.22	32.28	47.34
				压缩系数/MPa⁻¹	0.093		0.074	0.065	0.053	0.043	0.025
				压缩模量/MPa	14.2		17.8	20.3	24.7	30.0	51.4
7∶3	饱和	2.12	2.73	孔隙比 e_i	0.288	0.284	0.281	0.277	0.268	0.254	0.237
				单位沉降量/(mm/m)	0.00	3.04	5.04	8.26	15.14	25.96	39.54
				压缩系数/MPa⁻¹	0.078		0.051	0.042	0.044	0.035	0.022
				压缩模量/MPa	16.4		25.0	30.9	28.8	36.4	57.4
6∶4	饱和	2.17	2.73	孔隙比 e_i	0.258	0.255	0.253	0.250	0.247	0.240	0.228
				单位沉降量/(mm/m)	0.00	2.05	3.92	6.17	9.17	14.25	24.16
				压缩系数/MPa⁻¹	0.052		0.047	0.028	0.019	0.016	0.016
				压缩模量/MPa	24.4		26.7	44.3	66.3	78.0	79.6

监测数据显示无论是总沉降还是分层沉降测点其变形测值均呈明显的阶段性，可主要分为：仪器埋设完成的快速沉降期、填筑进度平缓进行的匀速沉降期以及填筑高峰时段的加速沉降期（图3、图4）。

为更清晰地研究填筑施工进度与沉降变形间的定量

关系，定义沉降强度 Λ(mm/m) 如式（3）：

$$\Lambda = \frac{\Delta\delta}{\Delta h} \tag{3}$$

式中　Δh——填土层厚度；

$\Delta\delta$——相应引起的心墙沉降增量。

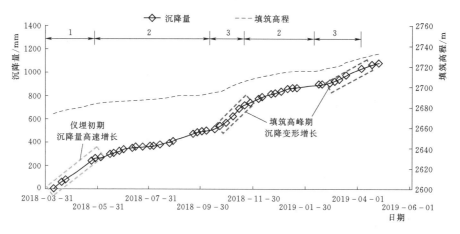

图3　最大坝高断面2673m高程测点总沉降时序过程线

1—沉降环埋设初期；2—填筑进度平缓期；3—填筑高峰期

图4　最大坝高断面2642～2652m高程分层沉降时序过程线

1—沉降环埋设初期；2—填筑进度平缓期；3—填筑高峰期

因此，Λ 表征了单位填筑厚度所引起的沉降变形。

在沉降板埋设的初期，毗邻部位黏土孔隙率相对较大、上覆黏土填筑厚度不断增加且碾压施工不断进行致使沉降变形快速产生，该阶段沉降对应室内试验 $e-p$ 曲线中的初始段。

在填筑进度平缓进行期，沉降变形的增长速率较之沉降板埋设初期与填筑高峰期而言缓慢，随着填筑高程以较匀速的填筑进度增加，高程2673m总沉降测点的沉降强度逐渐降低，说明测点下部已填91m的砾石土的致密性处于不断提高中。而分层沉降测点监测沉降量与填筑高度随时间呈平行关系发展，表示了在一定围压区间条件下（0.60～1.14MPa，相应上覆填土厚度为27～52m），分层压缩率与填筑厚度可视为近似的线性关系。

处于填筑高峰期阶段的沉降变形速率介于填筑平缓期和初期沉降的速率，从时序上看，无论是分层沉降还是总沉降量均处于高速增长，但其沉降强度处于不断降低中。

总体而言，在填筑施工期，单位填筑高度引起的沉降量总处于不断降低中，表现在过程线图中，就是填筑高度过程线与沉降过程线之间的距离逐渐拉近。就分层沉降而言，图5中3个阶段（填筑初期、高峰期、平缓期）沉

降强度分别为11.26mm/m、6.08mm/m、2.98mm/m。

3.3　心墙沉降与施工进度的相关性研究

如图5所示，进一步研究表明填筑施工进度与沉降变形的发展呈二次相关性，在较小填土高度范围内，也可近似将二者视为线性关系。高程2673m总沉降测点与高程2642～2652m分层沉降拟合曲线公式分别如式（4）和式（5）所示，经由两式求导可知，填土高度每增加1m，总沉降强度下降0.3222mm/m，而相应的分层沉降强度则下降0.0844mm/m。

$$y=-0.1611x^2+27.478x+8.2042 \qquad (4)$$

$$y=-0.0422x^2+6.7264x+7.9777 \qquad (5)$$

4　沉降变形监控模型

4.1　心墙沉降量的理论计算方法

根据砾石土的室内试验压缩特性、沉降变形定性分析。

可根据 $e-p$ 曲线对填筑砾石土层的分层压缩进行

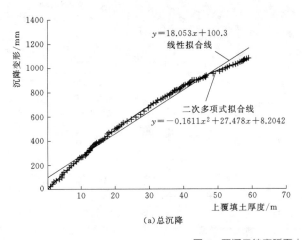

(a)总沉降

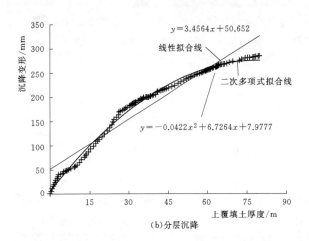

(b)分层沉降

图5 两河口特高砾石土心墙坝典型最大坝高断面
分层沉降时序过程线

计算，即

$$\delta_c = \frac{e_1 - e_2}{1 + e_1} h = \frac{a \Delta p}{1 + e_1} h = \frac{\Delta p}{E_s} h \quad (6)$$

式中 E_s——砾石土的压缩模量；

H——分层土厚度；

其余符号意义同式（1）、式（2）。

基于此，假定已填砾石土不产生水平侧向变形，心墙沉降完全由孔隙体积减小所致且视上覆土重向下产生的应力均匀分布。按分层总和法，可计算填土层的总沉降量 δ_{H1}：

$$\delta_{H1} = \int_0^{H_1} \frac{e_1 - e_2}{1 + e_1} dz = \int_0^{H_1} \frac{a \Delta p}{1 + e_1} dz = \int_0^{H_1} \frac{\Delta p}{E_s} dz \quad (7)$$

式中 E_s、a、Δp、e_1、e_2——随填筑高度变化的函数；

H_1——坝体填筑高度。

就电磁沉降监测的"总沉降量"而言，实际是从沉降环埋设高程以上由于填筑外压及孔隙水压消散而带来的沉降，即

$$\delta_m = \delta_{H1} - \delta_{H0} = \int_0^{H_1} \frac{a \Delta p}{1 + e_1} dz - \int_0^{H_0} \frac{a \Delta p}{1 + e_1} dz$$

$$= \int_{H_0}^{H_1} \frac{a \Delta p}{1 + e_1} dz \quad (8)$$

文献［4］基于土石坝沉降机理，建立的统计模型：

$$S = S_0 + AH_d^T (B - e^{-U_t}) \quad (9)$$

式中 S——总沉降量；

A、B、T、U_t——回归系数；

S_0——漏测沉降量即为式（8）中的 δ_{H0}。

而漏测沉降量的计算也是基于非线性回归参数估计计算的方法（单纯性法或麦夸特法），估值稳定性低，且时效与沉降分量不能分离。文献［5］等建立的模型亦存在上述问题。而基于时间序列、Gompertz时间序列、BP神经网络等研究方法建立的预测模型，未能兼顾考虑施工期沉降变形产生的相关因素，仅从监测数据

序列建立模型不存在解析力，外延性也受到相应的影响。

4.2 建模理论

根据上述对心墙沉降位移监测资料的分析可知，施工期心墙的沉降主要与坝体填筑、孔隙水压消散以及土骨架蠕变有关。而孔隙水压消散与土骨架的蠕变均是在一定的外压荷载条件下随时间延续发展的过程，因此可将二者归于时效因子。而对于由于填筑进度而造成的外压荷载变化，则将其定义为填筑因子。则施工期心墙沉降变形 δ 的监控模型主要由填筑分量 δ_H 与时效分量 δ_θ 组成：

$$\delta = \delta_H + \delta_\theta \quad (10)$$

对于填筑分量 δ_H，由3.3节中的分析可知，填筑施工进度与沉降变形二者呈良好的二次相关关系，即可令 δ_H 为

$$\delta_H = \sum_{i=1}^{2} [a_{1i} (H_u - H_{u0})^i] \quad (11)$$

式中 H_u、H_{u0}——监测日、沉降环（板）埋设时所对应的填筑高程；

a_{1i}——填筑因子回归系数。

就时效分量 δ_θ 而言，根据饱和土单向固结理论可知，无论是由于超孔隙水压力消散产生的固结沉降还是由于土骨架蠕变产生的次固结沉降，其变形过程都呈"初期蠕变速率大，中期以一定速率发展，后期逐渐趋敛"的特征，借鉴文献中的时效因子构造：

$$\delta_\theta = b_1 [1 - e^{-b_2(\theta - \theta_0)}]$$

$$\delta_\theta = b_1(\theta - \theta_0) + b_2(\ln\theta - \ln\theta_0) \quad (12)$$

式中 θ——沉降监测日至仪埋日的累计天数 t 除以100；

θ_0——建模资料系列第一个测值日到仪埋日的累计天数 t_0 除以100；

b_1、b_2——时效因子回归系数。

为避免非线性因子对求解参数稳定性的影响，采用线性及对数函数组合的时效因子。因此，可得施工期沉降监控模型 δ 的表达式为

$$\delta = \sum_{i=1}^{2}\left[a_{1i}(H_u - H_{u0})^i\right] + b_1(\theta - \theta_0) + b_2(\ln\theta - \ln\theta_0) + c \qquad (13)$$

4.3 计算实例

采用逐步加权回归分析法，选取当前已填筑高程 $1/2\sim2/3$ 区段的电磁沉降测点的数据序列及其对应的填筑进度资料建立监控模型。表 2 为测点的回归系数及相应的模型判定系数、剩余标准差。可以看出，施工期以相关性分析及坝工力学理论为基础建立的填筑因子与时效因子组合监控模型具有良好的拟合效果，4 个测点判定系数 R^2 在 $0.938\sim0.972$。此外，剩余标准差在 $8.01\sim16.85$ mm，也表明对于特高心墙坝的 300m 级沉降而言，模型具有较高拟合精度。

通过沉降监测值、填筑分量与时效分量过程线可以看出，施工期沉降产生的主导因素是随坝体填筑不断增加的上覆外压荷载，填筑分量在 $94.27\%\sim95.82\%$。而相应的时效分量则相对较小，占比在 $4.18\%\sim5.73\%$，4 个测点逐步回归过程均未选入线性时效因子，因此，证明施工期时效变形并未呈线性增长。最大时效沉降量

为 58.04mm（DC_{4-19}），相应的当前最大沉降量为 1011.93mm。

表 2 沉降监控模型拟合分析表

测点编号	仪埋高程/m	建模时段	判定系数 R^2	剩余标准差 σ/mm	填筑分量/%	时效分量/%
DC_{4-16}	2657	2018-01-29— 2019-04-26	0.938	16.85	94.61	5.39
DC_{4-17}	2663	2018-03-04— 2019-04-26	0.942	14.68	95.82	4.18
DC_{4-19}	2673	2018-04-20— 2019-04-26	0.972	8.01	94.27	5.73
DC_{4-21}	2682	2018-05-24— 2019-04-26	0.962	11.23	95.19	4.81

值得注意的是，时效变形的占比并不会随时间往后而逐渐减小。施工期，一部分可由填筑停止心墙砾石土处于静置状态而产生的沉降（如 2019 年 1 月 15 日至 2 月 15 日，大坝停止填筑施工，DC_{4-16} 测点产生 17.70mm 的时效沉降），由于快速分层填筑与碾压造成时效分量被"挤占"。而当填筑结束后，填筑分量停止增长，此时时效分量则成为沉降变形的主导，即称为"施工期沉降监控模型"的原因所在，模型导出曲线如图 6 所示。

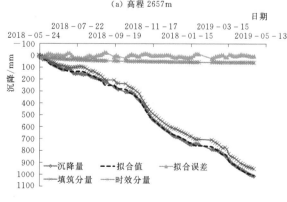

(a) 高程 2657m

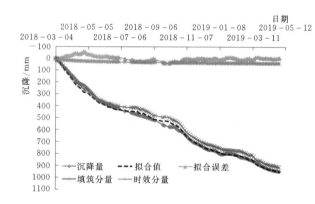

(b) 高程 2663m

(c) 高程 2673m

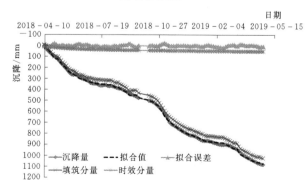

(d) 高程 2682m

图 6 两河口特高土石坝心墙沉降监控模型过程线

4.4 预测成果及监控指标

以实测监测数据及填筑资料为样本，根据监控模型公式对4.3节中的两河口心墙沉降测点2019年5月的沉降量进行预测分析（预测区间：2019年4月26日至5月23日，填筑分层层数为22层），进而检验监控模型外延性。如表3所列，在近一个月的快速填筑中，心墙填高5.36m（碾压后增高），各测点监测到的沉降增量与预测增量的绝对误差在3.74～9.04mm，绝对误差与3倍剩余标准差的比值不超过20.52%。以"3σ准则"判定，模型具有较好的外延性，能够较为准确地适应填筑高度增加以及时间增长带来的沉降变化。

表3 沉降监控模型预测分析表

测点编号	实测变形增量/mm	模型预测增量/mm	绝对误差/mm	绝对误差3σ/%
DC$_{4-16}$	19.00	15.26	3.74	7.40
DC$_{4-17}$	42.00	32.96	9.04	20.52
DC$_{4-19}$	68.00	72.40	4.40	18.31
DC$_{4-21}$	56.00	49.13	6.87	20.39

据此，拟定此4个测点的沉降监控标准：

若$|\delta-\hat{\delta}|<2\sigma$ 正常；

若$2\sigma<|\delta-\hat{\delta}|<3\sigma$则应跟踪加密监测，如无趋势性变化为正常，否则为异常，需进行成因分析；

若$|\delta-\hat{\delta}|>3\sigma$则测值异常，检查施工面及上坝砾石土料、碾压工序等，必要时调整相关填筑指标。

其中：δ为变形实测值；$\hat{\delta}$为模型计算值；σ为监控模型标准差。

通过不断延长的监测时序资料，用以不断修正已建模型的参数。同时，将外延区间保证在一个月左右以保证一定的预测精度用以反馈指导施工或相关科学研究。

5 结语

本文针对两河口300m级特高土石坝施工期心墙沉降变形监测资料进行了较为细致的分析，并根据沉降变形演化规律及其相关影响因素的研究，通过逐步回归的方法建立了施工期心墙沉降的监控模型，并得到以下主要认识：

（1）大坝心墙沉降变形的增长阶段性特征显著，主要分为仪器埋设完成的快速沉降期、填筑进度平缓进行的匀速沉降期以及填筑高峰时段的加速沉降期。

（2）通过相关性研究表明，填筑施工进度与沉降变形的发展呈二次多项式相关性，并根据拟合公式求导得到了沉降强度变化规律：填土高度每增加1m，2673m高程总沉降强度降低0.3222mm/m，而2642～2652m高程分层沉降强度则下降0.0844mm/m。

（3）选取已填筑高程1/2～2/3区段的电磁沉降测点的数据序列建立监控模型，研究表明，施工期以填筑因子与时效因子的组合沉降监控模型具有较好的拟合度与解析力，4个测点填筑分量在94.27%～95.82%，时效分量在4.18%～5.73%。

（4）以实际监测成果为预测样本，通过已建模型计算表明监控模型具有良好的外延性，在近一个月的填筑施工进度中，模型预测绝对误差在3.74～9.04mm。并以模型标准差σ为基准，建立心墙沉降变形的监控模型控制指标，可用于反馈指导现场施工。

参考文献

[1] 吴高见. 高土石坝施工关键技术研究 [J]. 水利水电施工，2013 (4)：1-7.

[2] 中国电建集团成都勘测设计研究院. 两河口水电站可研阶段土工试验报告 [R]. 成都：中国电建集团成都勘测设计研究院，2012.

[3] 张孟喜. 土力学原理 [M]. 武汉：华中科技大学出版社，2007.

[4] 郦能惠，蔡飞. 土石坝原型观测资料分析方法的研究 [J]. 水电能源科学，2000，18 (2)：6-10.

[5] 王彭煦，宋文晶. 水布垭面板坝实测沉降分析与土石坝沉降统计预报模型 [J]. 水力发电学报，2009，28 (4)：82-101.

复合土工膜面板在堆石坝中的应用与施工工艺

赵彦辉 迟 欣 孙 阳/中国水利水电建设工程咨询西北有限公司

【摘 要】 复合土工膜具有施工速度快、施工设备简单、施工期受外界气象条件影响小的特点，作为防渗材料在导截流围堰、堤坝、渠道、抽水蓄能电站上下库等水工建筑物中得到了广泛应用，但国内尚未有在高土石坝中作为防渗面板的工程实例。老挝南欧江六级水电站大坝高85m，坝基为软岩，坝体填筑材料软岩比例超过81%，设计采用了复合土工膜作为防渗面板，为目前世界上已建的最高复合土工膜面板堆石坝。复合土工膜在本工程中显示了良好的适应性及优点，其施工工艺和施工方法对类似工程具有良好的借鉴和参考作用，为土工膜面板在高堆石坝中的应用做了极高价值的探索研究。

【关键词】 复合土工膜 面板 施工 工艺

1 引言

土工膜以塑料薄膜作为防渗基材，是与无纺布复合而成的土工防渗材料，它的防渗性能主要取决于塑料薄膜的防渗性能。目前，国内外主要应用的有聚氯乙烯（PVC）、聚乙烯（PE）和乙烯/醋酸乙烯共聚物（EVA），它们均为高分子化学柔性材料，具有比重轻、延伸性好、适应变形能力强的特点。已在垃圾填埋场、尾矿堆存场、渠道防渗、人工景观湖蓄水池防渗中得到广泛应用。土工布又称土工织物，是由合成纤维通过针刺或编制而成的透水性土工合成材料，土工膜通常与土工布结合使用，可采用两布一膜或一布一膜的结构，土工布对土工膜起到保护和反滤作用。

国外防渗土工膜应用于土坝防渗已有半个世纪的历史，首次应用可追溯到1959年。国内自2000年长江三峡水电站围堰使用土工膜防渗心墙以来，相继在云南澜沧江小湾、糯扎渡水电站上下游围堰中应用了土工膜防渗心墙，金沙江向家坝水电站还采用了黏土复合土工膜的防渗墙结构。

土工膜心墙围堰在大型水电工程上的成功应用，不但促使这一技术在水利水电工程中得到发展和普及，也在永久工程中获得初步应用尝试。如山东泰安抽水蓄能电站上水库库底，首次采用HDPE土工膜水平防渗面板，总防渗面积达16万 m²，水库自2005年5月31日运行以来，库底最大渗漏量仅为3.89L/s。

总体来讲，与传统的混凝土、沥青混凝土面板相比，土工膜成本低、见效快，抗变形协调能力强，不会像混凝土面板因坝体变形产生开裂；同时，作为面板应用时上游可采用覆盖保护或无覆盖保护两种型式。采用覆盖保护的土工膜面板，其优点在于：覆盖于土工膜面板上的保护层具有压载稳固功能的同时，还可持久保护土工膜免受损坏和环境影响。而无遮盖保护的土工膜的优点在于：可缩短施工时间，降低施工成本，避免覆盖层对土工膜的损坏，大坝运行期可随时检查；如发生意外损坏，修复成本低，耗时短，甚至可进行水下修补。

综上所述，由于良好的应用效果，土工膜应用从小型工程到特大型水电站，从临时工程到永久工程，其应用越来越广泛。

2 工程概况

南欧江六级水电站位于老挝丰沙里省境内，是南欧江流域自下游至上游开发的第六个梯级电站，工程等级为二等大（2）型工程。电站由复合土工膜面板堆石坝、溢洪道、放空洞、导流洞及引水发电系统组成。电站以发电为主，总装机容量180MW，死水位490.00m，正常蓄水位510.00m，相应库容4.09亿 m³，调节库容2.46亿 m³，具有季节调节性能。

复合土工膜面板堆石坝坝顶高程515.00m，大坝高85m，坝顶长362m，宽8m，上游坝坡1:1.6，下游坝坡1:1.8。坝体垫层料、过渡料和底部排水区形成L形

排水体，以保证软岩堆石料填筑区能保持在运行期相对

干燥，坝体结构图详见图1。

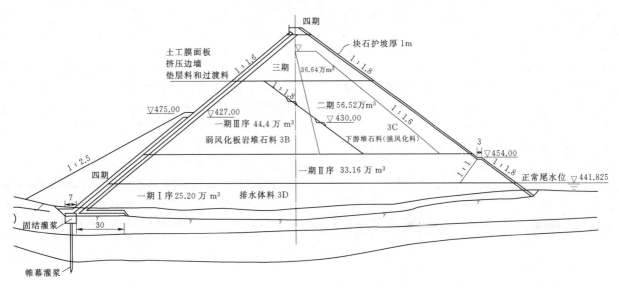

图1 坝体结构图（单位：m）

大坝软岩填筑比例高达81%，其全断面软岩筑坝技术目前处于国际领先水平（目前国内外面板堆石坝软岩填筑比例最高为73.4%），为软岩强度最低（9.2～9.4MPa）的复合土工膜面板堆石坝。该电站大坝基础和左右岸采用帷幕灌浆防渗；大坝主体部分仅采用复合土工膜（3.5mm PVC＋700g 土工布）铺设于大坝上游挤压边墙上进行坝体防渗，土工膜上部无保护。复合土工膜与趾板用不锈钢条、橡胶及螺栓等进行固定。该大坝是目前世界上最高的、全断面使用软岩比例最大的、仅用土工膜防渗的复合土工膜面板堆石坝。

3 挤压边墙与锚固带

3.1 挤压边墙

挤压边墙布置于大坝上游最外侧，为土工膜提供铺设基础面。挤压边墙设计底高程为431.70m，顶高程为512.00m，挤压式边墙混凝土共202层（每层高40cm），总计8763m³。断面为梯形，边墙外侧坡比1∶1.6，内侧坡比8∶1，顶宽10cm，每层采用挤压机一次挤压成型，每层挤压边墙浇筑不间断，浇筑完成后进行锚固带及垫层、过渡料填筑施工。挤压边墙施工到472.10m高程后移交土工膜面板公司进行一期土工膜铺设，然后施工至512.00m高程移交土工膜面板公司进行二期土工膜铺设。挤压边墙施工工艺包括以下几个方面：

（1）挤压边墙混凝土配合比设计。根据设计提供的大坝坝体填筑施工技术要求，挤压边墙混凝土配合比应满足以下要求：

1）挤压边墙混凝土为一级配干硬性混凝土，坍落

度为0，低抗压强度，28d抗压强度不大于8～10MPa，且2～4h的抗压强度指标以挤压成型的边墙在垫层料振动碾压时不出现坍塌为原则。

2）弹性模量指标宜控制在3000～5000MPa。

3）密度指标控制在19.5kN/m³以上，尽可能接近垫层料的压实密度。

4）渗透系数控制在5×10⁻³cm/s以上，为半透水体。

5）在混凝土成型后2～4h即可进行垫层料铺填，满足垫层料振动碾碾压时的变形要求。

根据以上要求获得挤压边墙混凝土施工配合比，见表1。

表1 挤压边墙混凝土施工配合比表

W/C	W/kg	P·O42.5/kg	S_P/%	液态速凝剂/%	抗压强度/MPa	挤压密度/(g/cm³)
0.4	120	300	25	4	8～10	1.95～2.10

（2）挤压边墙面层处理。按照设计文件对挤压边墙表面处理技术要求，为了使挤压边墙混凝土表面平整度满足土工膜面板公司铺设土工膜要求，在施工中对混凝土表面进行处理的主要工序包括：去除松散的无砂混凝土骨料、凸起的粗骨料、对表面（局部）空腔的填补（如有必要）、层与层结合部位或棱边的处理。具体处理措施如下：

1）去除松散的边墙混凝土骨料：在铺设土工膜前，安排作业人员使用高压风沿坡面由上到下（含锚固带覆盖部位）进行清理。

2）凸起的粗骨料：对凸起的粗骨料，安排作业人员使用钢毛刷清理，对局部凸起使用钢毛刷不能清理掉

·17·

的进行凿除处理，凿除后的低凹部位，使用砂浆抹平。

3）表面（局部）空腔：使用 M5 水泥砂浆抹面。

4）层与层结合部位或棱边：采用打磨处理，避免出现尖角、错台。

（3）平整度检查。挤压边墙施工完成后，对其平整度进行检查验收，局部不满足铺设土工膜要求的部位，使用自喷漆标记，待土工膜铺设前，安排作业人员对其进行处理。一期土工膜铺设前挤压边墙表面平整度检查结果统计见表 2。

表 2　　　　平整度检查结果统计表

部位	检测点数	最大值/mm	最小值/mm	合格点	合格率/%
挤压边墙	550	30	0	507	92.2

注　按照设计技术要求，挤压边墙平整检查使用 1m 靠尺不大于 10mm，作为控制标准。

（4）挤压边墙验收。在土工膜铺设前，由现场监理工程师、土工膜面板公司现场专职质检人员，共同对挤压边墙表面平整度进行检查，对需要处理的部位，使用自喷漆标记，土建单位施工人员按要求进行处理，处理完毕后经复验合格后再进行土工膜铺设。

3.2　锚固带

土工膜面板安装在锚固带上，锚固带为土工膜提供基础和支撑作用，锚固带材料与土工膜面板相同，宽度 42cm 在挤压边墙上形成 6m×6m 网格。锚固带安装是一个简易、常规的过程，大大简化了土工膜的安装过程。锚固带跟随挤压边墙施工进度逐层安装，每施工一层挤压边墙，安装一层锚固带。

（1）锚固带每一段长 165cm，宽 42cm，相邻两条锚固带之间的距离是 6m。整个坝面锚固带共 60 道，总安装长度约 6031m，最长的在河床部位约 152.3m，在大坝中间部位设有定位点，该处锚固带的编号为第 37 道，然后以定位点为基准，向两边测量放点，每 6m 布置一道。

（2）锚固带由膜（PVC）和无纺土工布组成，膜的厚度 2.5mm，无纺土工布 500g/m^2。

（3）在铺设土工膜之前，由现场监理工程师、土工膜面板公司现场专职质检人员对锚固带进行全面检查。主要检查复合土工膜锚固带安装是否垂直、锚固带中心间距是否为 6m，以及通过人工拉拽的方式检查锚固带是否焊接牢固，对不合格的部分锚固带进行了补焊，验收合格后移交土工膜面板公司，开始土工膜铺设。

4　土工膜

4.1　土工膜施工

土工膜面板铺设面积为 37555m^2，分三期铺设完成，一期为 472.00m 高程以下，二期为 472.00～512.00m 高程，三期为 512.00m 高程以上部分。

（1）复合土工膜由膜（PVC）和无纺土工布组成，膜的厚度 3.5mm，无纺土工布 700g/m^2，土工膜每条宽度为 2.1m。

（2）土工膜每条长度根据坝面铺设斜长各不相同，长度在生产阶段根据现场实际情况确定，包装并编号后运输至现场。现场根据编号顺序逐条摆放在坝体填筑面上，再由坝体填筑面将土工膜放至上游坝坡，安装就位后开始土工膜焊接。

（3）土工膜焊接主要分为三类：第一类为土工膜之间的搭接焊，第二类为土工膜与锚固带之间的焊接，第三类为土工膜局部小面积的焊接。土工膜每条宽度为 2.1m，搭接 10cm 进行焊接，三条焊接完成后总宽度为 6m，然后与坝面上提前安装的锚固带进行焊接，将复合土工膜予以固定。该工作由左岸开始进行，依次焊接，直至整个坝面铺设完成。

（4）土工膜底部与趾板进行连接，在趾板周边设置 U 形槽，在 U 形槽内通过钢板将土工膜与趾板固定，然后土工膜覆盖至趾板面上，在趾板混凝土面上涂抹专用粘结剂，将土工膜与趾板粘结牢固，最后再将土工膜周边用钢板和螺栓固定在趾板混凝土面上。

（5）土工膜铺设完成后，质检人员对整个坝面土工膜进行全面检查，对发现有破损的地方，通过打补丁的方式进行补焊。

4.2　质量检查

在土工膜施工过程中，土工膜面板公司安排有质检工程师进行现场控制，监理、业主共同参与。根据设计文件提供的质量控制标准进行，对每道工序经检查合格后，开始进行下道工序施工。全部施工完成后，经现场各方联合检查合格后，签署合格文件移交业主。

一期土工膜（472.00m 高程以下）于 2014 年 11 月 1—30 日进行施工，经各方联合检查合格后移交业主。二期土工膜（高程 472.00～512.00m）于 2015 年 4 月 13 日开始施工，5 月 20 日施工完成，经联合检查合格后移交业主。在二期土工膜施工前，对一期土工膜进行了全面检查，对个别破损的部位进行了补焊，对因大坝沉降产生的局部膨胀部位切割开，对挤压边墙进行处理后重新焊接。在大坝蓄水前，对土工膜进行一次全面检查，对个别破损部位进行补焊。

土工膜面板质量检查主要包括以下内容：

（1）挤压边墙表面的松动料是否清理，挤压边墙表面局部凸起是否清理，挤压边墙表面孔洞是否填平，挤压边墙的最终表面是否满足铺设土工膜。

（2）复合土工膜锚固带是否垂直铺设，锚固带间距是否为 6m；锚固带搭接焊部位是否清理干净，锚固带搭接焊是否牢固。

（3）土工膜批次材料外部包装是否完好，土工膜批次材料外部标签是否完整、可读，数量是否与装箱清单一致。

（4）人工焊缝和机器焊缝。人工焊缝以平口螺丝刀插不进去为合格；机器焊缝必须进行气压试验：采用气压法检测，0.2MPa 压力持续 5min 气压，下降不超过 10％即可（采用 ASTMD 标准 4437—84）。

（5）土工膜与趾板连接采用螺丝钻孔、锚固、摊铺混合胶、覆盖土工膜、拧紧螺帽等工序，用 12kN 扭力扳手拧紧并检查。

（6）施工完成后，对外观进行全面检查。

5 结语

（1）土工膜施工不受天气影响，缩短了筑坝工期。对于缺少天然混凝土骨料和黏土的南欧江六级水电站而言，土工膜是一个很好的选择。同时，土工膜面板与混凝土面板相比较，具有经济、施工速度快、基本无大型机械设备的特点。

其中，经济性除了单价的优势外，还在于取消了盖板与盖重，不存在周边缝与垂直缝的止水结构；施工速度快，由于复合土工膜铺设在大坝上游挤压边墙表层，上部无保护、工序少、铺设快、效率高，是现浇混凝土面板所无法比拟的。已施工完成的 3.6 万 m² 土工膜仅用了 2 个月；整个施工过程使用的机械设备较少，除转运叉车外，无大型设备。

（2）锚固带安装是一个简易、常规的过程，大大简化了土工膜的安装过程，提高了土工膜铺设安装效率。

（3）截至 2016 年 1 月底，大坝累计最大沉降量为 100cm 左右，土工膜从外观上看无明显拉伸和褶皱，体现了复合土工膜面板在 85m 高的软岩堆石坝中具有良好的适应性。但是土工膜铺设后易损坏也是存在的事实，尽管在施工期已经采取了有效的保护措施，但还是在坝前基坑充水前的检查中发现大小不等的破损约 30 处。因此，应考虑在施工期土工膜表面增加覆盖或其他更可靠措施；选择大坝填筑全部结束后沉降的空档期为最佳

铺设时间，更能发挥施工速度快、效率高的优点，完全不会影响工期，又能避免施工干扰对土工膜的破坏。

（4）土工膜设计单位对挤压边墙的混凝土设计指标为抗压强度 8～10MPa，渗透系数大于 $5×10^{-3}$ cm/s。挤压边墙的刚性较大，挤压边墙随坝体发生变形时，存在空鼓、裂缝和错动等现象，由于刚性导致土工膜随坝体的变形不一致。应考虑适当增加掺和料降低挤压边墙的弹性模量，从而增加挤压边墙的塑性，使得挤压边墙与土工膜与坝体变形时保持一致。

（5）大坝沉降数据表示，软岩筑坝初期沉降值较大，且沉降期较长，应在填筑期间增加沉降期，将沉降期根据观测数据分几期分别进行沉降，对 25 个月的主体工期无影响，编制控制性工期时能够更加灵活。

（6）土工膜有效且高效的取代堆石坝中的混凝土面板，具有防渗性能，还能适应混凝土面板无法承受的沉降和变形，能够使大坝安全施工，降低成本，降低复杂性，缩短工期。

（7）现有资料表明，2mm 厚的土工膜已经安全运行超过 30 年仍然完好，对于南欧江六级水电站所采用的 3.5mm 厚土工膜，生产厂家确认使用寿命可达 100 年。但由于各地的自然环境、社会环境存在差异，土工膜面板在运行期间需要针对性地做好安全防护。

本电站运行期最大渗流量为 76.8L/s，坝体总体处于安全稳定状态。

参考文献

[1] 贾超，周晓勇，李辉，等．泰山抽水蓄能电站上水库渗漏及防治措施分析研究 [J]．水力发电，2017（7）：53-57，61．

[2] 吴庆筑．论复合土工膜堆石坝防渗面板的有效应用和施工 [J]．内蒙古水利，2018（5）：62-67．

[3] 宁宇，喻建清，崔留杰．软岩堆石高坝土工膜防渗技术 [J]．水利发电，2016（5）：62-67，105．

[4] 王美霞，刘建刚，张斌龙，等．南欧江复合土工膜面板堆石坝渗流分析 [J]．勘察科学技术，2018（6）：34-38．

航道抽槽两侧沙埂对口门覆盖层冲刷影响的研究试验

胡　斌　王永福　赵国民/中国水电基础局有限公司

【摘　要】　碾盘山水利水电枢纽导流明渠底宽250m，由于需要满足小流量通航需求，明渠底部沿中心线扩挖80m宽、0.7m深沟槽，为论证抽槽堆积于航道两侧沙埂对龙口段河床覆盖层冲刷及对后续龙口段截流的影响，特在截流水工整体模型上进行了复演分析。

【关键词】　航道抽槽　沙埂　冲刷　研究

1　项目简况

碾盘山水利水电枢纽是国家确定的172项节水供水重大水利工程之一，也是湖北省汉江五级枢纽项目的重要组成部分。工程由左岸土石坝、泄水闸、发电厂房、连接重力坝、鱼道、船闸和右岸连接重力坝等组成，坝顶总长1209m，最大坝高29.22m，左岸布置有副坝、供水取水口等建筑物。水库正常蓄水位和设计洪水位为50.72m，校核洪水位50.84m，水库总库容9.02亿m³，调节库容0.83亿m³；电站装机18万kW；通航建筑物级别为Ⅲ级。

依据施工导流程序，碾盘山工程截流分两期进行，其中一期为主河床截流，二期为导流明渠截流。

导流明渠布置在河床左侧Ⅰ级阶地上。明渠右侧为土石纵向围堰，左侧为碾盘山左岸副坝，明渠轴线全长2338.1m。其中：进口直线段长799.9m；上游弯道长78.5m，弯道半径为750m，中心角6°；渠身直线段长398.7m；下游弯道长392.7m，弯道半径为750m，中心角30°；出口直线段长668.3m。明渠底宽250m，进出口与上下游河道相接，进口600m为平坡，底高程39.0m；出口829m为平坡，底高程38.0m；中间909.1m为0.11%的斜坡段。两岸开挖边坡1∶3，在42.0～41.0m高程设10m宽马道。导流明渠为了满足小流量通航需求，在明渠底部沿中心线扩挖80m宽、0.7m深沟槽，并与上下游主航道相接。

2　试验目的

主航道抽槽的目的是协调通航及截流进占的矛盾，

为便于非龙口段截流进占施工，同时确保施工期通航，业主与设计、航运部门、监理及施工等单位会商研究决定，对主河床航线进行调整，并对航线进行抽槽疏浚。航运部门提出的河道抽槽平面布置图如图1所示，实际抽槽施工与设计航道中心线存在较大交角，且航道抽槽疏浚清出的淤沙直接堆积于航道两侧，实际抽槽情况如图1所示。

在非龙口段截流进占至 $B=260\text{m}$ 时（左侧进占353m，右侧进占113m），发现左侧堤头附近河床覆盖层发生了较大冲刷，最低高程为26.28m。

为论证抽槽堆积于航道两侧沙埂对龙口段河床覆盖层冲刷及对后续龙口段截流的影响，特在截流水工整体模型上进行了复演分析。

3　复演试验

本次截流试验动床试验动床砂模拟依据覆盖层的允许不冲流速资料0.25～0.40m/s，模型按抗冲流速公式反算模型砂粒径为0.14～2.30mm，选用了最细的清砂（天然砂），经筛分后得到的模型砂 D_{50} 为0.18mm。对淤积型覆盖层模拟，如按级配法模拟，则无法采用天然砂模拟，需改用轻质砂进行模拟。因此，本次截流试验龙口段冲刷结果对于实际截流是偏于危险的。

为了直观地给出淤积型覆盖层河床截流进占过程中口门覆盖层河床的冲刷情况，本试验采用加大流量法对截流进占过程口门覆盖层河床冲刷情况进行了演示试验。

试验在 $Q=650\text{m}^3/\text{s}$（非龙口段进占时的流量）、$B=260\text{m}$ 情况下，比较了有、无沙埂对龙口流态、流速及龙口段河床覆盖层冲刷情况。

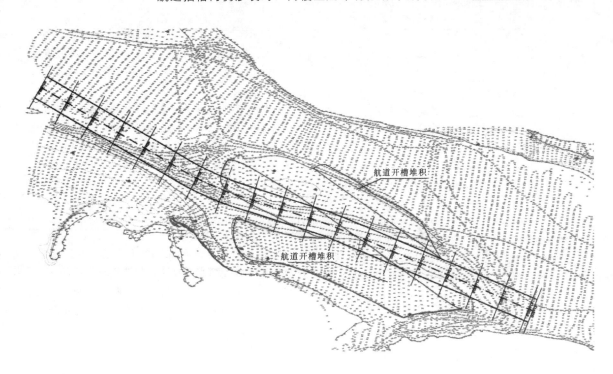

图1 河道抽槽平面布置图

4 复演试验成果

4.1 有无沙埂情况龙口流态对比

4.1.1 无沙埂情况

在 $Q = 650\text{m}^3/\text{s}$ 时，航道两侧无沙埂情况的口门区主流略偏于左侧，流速较小。采用加大流量法时，航道两侧无沙埂情况的口门区主流基本居中。

4.1.2 有沙埂情况

在 $Q = 650\text{m}^3/\text{s}$ 时，航道两侧有沙埂情况口门区被航道左侧沙埂隔为两区，左区水流流速明显大于右区。采用加大流量法时，左区水流急右区水流缓现象更为明显，左区堤头附近河床覆盖层发生较大冲刷。

4.1.3 左侧沙埂下游端不同清理长度流态对比

航道左侧沙埂下游段清除90m、180m、270m及两侧沙埂全部清光：左侧沙埂产生的分区效应随着清除长度增加而逐渐减小，口门区左侧流速逐渐减小，右侧流速逐渐增大。

4.2 有无沙埂情况龙口流速对比

试验在 $Q = 650\text{m}^3/\text{s}$、$B = 260\text{m}$ 情况，比较了有无沙埂情况龙口流速，对比见表1。

由表1可知：

(1) 无沙埂情况，口门区主流略偏于左侧，左堤头至 $0+378$ 段流速在 $2.13 \sim 1.72\text{m/s}$；$0+450 \sim 0+495$ 段流速在 $2.15 \sim 1.51\text{m/s}$；口门左右侧流速基本相当。

表1 有无沙埂情况龙口各测点最大流速对比

测点位置	指标	戗堤左堤头	跟进堰体堤头	$0+378$ 段	$0+450$ 段	$0+495$ 段
无沙埂	水深/m	1.80	2.70	2.20	3.60	3.60
	流速/(m/s)	2.13	1.28	1.72	2.15	1.51
有沙埂	水深/m	3.60	3.50	4.00	4.20	4.50
	流速/(m/s)	2.40	2.42	1.86	0.72	0.49

(2) 有沙埂情况，口门区被航道左侧沙埂隔为两区，左堤头至 $0+378$ 段因覆盖层冲刷水深显著增大，流速在 $2.40 \sim 1.86\text{m/s}$；$0+450 \sim 0+495$ 段流速在 $0.72 \sim 0.49\text{m/s}$；左区水流流速明显大于右区。

4.3 有无沙埂情况 $B = 260\text{m}$ 龙口段河床覆盖层冲刷情况

为了探明航道抽槽两侧有无沙埂情况龙口段覆盖层冲刷情况的差异，试验采用加大流量法对龙口段覆盖层冲刷情况进行了对比。航道抽槽两侧有无沙埂情况，$B = 260\text{m}$ 龙口段河床覆盖层冲刷情况见图2。

由图2中各线对比可知，航道抽槽两侧堆积沙埂后，截流戗堤轴线左堤头坡脚50m河床覆盖层发生了严重冲刷，冲刷最低点高程约26.28m，截流轴线抛投料预计增加中石27000m³。其中 $0+355 \sim 0+445$ 段增加抛投料24300m³，$0+445 \sim 0+613$ 段增加抛投料2700m³。

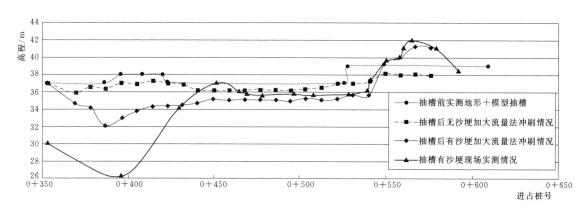

图 2 航道抽槽两侧有无沙埂情况截流戗堤轴线冲刷地形对比

5 结语

通过模型演示可知：航道抽槽两侧堆积沙埂后，左区水流流速明显大于右区，采用加大流量法时，左区水流急右区水流缓现象更为明显，左区堤头附近河床覆盖层发生较严重冲刷，需要进行相应的防护，保持截流戗堤轴线左堤头坡脚覆盖层稳定，因此需要在大江截流前充分做好抛投料的备料工作，避免出现堤头严重冲刷。

土石坝心墙分界面双料摊铺器的研制与应用

韩 兴 刘东方/中国水利水电第五工程局有限公司

【摘 要】 长河坝水电站大坝是目前国内在建的300m级超高砾石土心墙堆石坝之一，大坝属超现行规范标准高坝。大坝填筑施工过程中，心墙区砂-土分界面填筑施工是影响大坝填筑施工质量及进度的关键环节。采用双料摊铺器一次性拖拉摊铺完成心墙区砂-土分界面的施工方法是高堆石坝不断提高施工及质量标准要求下研究的一种填筑施工新方法。该方法简化了心墙分界面施工工序，加快了施工进度，保证和提高了施工质量，取得了较好的效果。

【关键词】 土石坝 心墙分界面 双料摊铺器 施工技术 长河坝水电站大坝

1 工程概述

长河坝水电站位于四川省甘孜藏族自治州康定县境内，为大渡河干流水电梯级开发的第10级电站，工程区地处大渡河上游金汤河口以下4~7km河段上，坝址上距丹巴县城82km，下距泸定县城49km，距成都约360km。水库正常蓄水位1690m，正常蓄水位以下库容为10.15亿 m^3，总库容为10.75亿 m^3，调节库容4.15亿 m^3，具有季调节能力，电站总装机容量2600MW。

拦河水电站大坝为砾石土直立心墙堆石坝，最大坝高240m，坝顶高程1697m，坝顶长502.85m，上、下游坝坡坡比均为1∶2，坝顶宽度16m。心墙顶高程1696.40m，顶宽6m，心墙上、下游坡度均为1∶0.25，底高程1457m，底宽125.70m。心墙上、下游侧均设反滤层，上游设一层反滤层（为反滤层3），厚度8.0m，下游设2层反滤层，分别为反滤层1和2，厚度均为6.0m；大坝结构见图1。

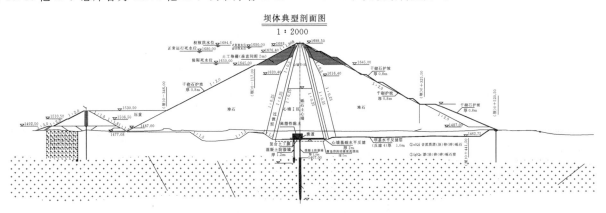

图1 长河坝砾石土直心墙坝典型结构图

2 采用双料摊铺器施工的设想

高堆石坝反滤料设计宽度大，采用"先砂后土法"施工，反滤料单料摊铺器一次摊铺成型困难。该工程在原施工方案中针对反滤料与砾石土结合部位的填筑拟采用水电五局自行研制的、获得国家专利的专利产品——反滤料摊铺器。反滤料摊铺器是一钢结构的框架无底箱体，由角钢和钢板制作而成。其尾部梯形出料口宽度和高度分别为反滤料设计宽度和其施工填筑厚度。反滤料由自卸汽车直接卸入其内，由推土机或反铲牵引，一次性将反滤料摊铺成型。

坝体填筑初期，笔者随同技术人员根据该工程特点加工完成了反滤料摊铺器（宽度6m，以适应摊铺反滤料1、2、3）并进行了试验性摊铺。摊铺过程中由于摊铺器宽度较大，箱体内料堆摩擦阻力相对较大，摊铺器在拖行前进过程中出现左右摆动，摆动过程使连接架一侧受拉成倍增加而致使连接架焊接处开焊，摊铺器拖拉成型面边线扭曲呈波浪形，且"先砂后土法"存在砂-土之间呈锯齿状施工缝而不能达到理想的"砂-土"间平顺、准确的成缝，对于高堆坝而言，因反滤料设计宽度较大，采用一次性摊铺成型方案不可行。

3 双料摊铺器的设计

为解决土石坝砂-土分界面采用常规施工方法存在的问题，技术人员结合现场施工情况考虑采用先单独施工反滤料与砾石土料边界部位，再进行其他剩余大面填筑的施工方案。在反滤料摊铺器设计的基础上，研制加工出了一种能够同时完成砂-土边界区土料及反滤料各具一定宽度的双料摊铺器进行砂-土分界面的摊铺施工，将分界面一次摊铺成型。

双料摊铺器的设计及制作过程：双料摊铺器采用钢板加工并以槽钢或工字钢作为其肋以保障其整体性焊接而成的箱式无底结构。摊铺器的设计尺寸为：高 1m、宽 3m、长 4m，以满足装载机的斗容量和卸料方便。在摊铺器中间增加料仓分隔钢板，且料仓分隔板根据填筑料边界设计坡比焊接布置。双料摊铺器料仓由设定坡度的分隔钢板分成两个料仓。两个料仓仓面尺寸均为：宽 1.5m、高 1m、长 4m。

考虑不同料种碾压后沉降量的不同，且为保障碾压施工质量，在制作两侧料仓出料口高度时参考了对应料种生产性碾压试验确定的沉降率。出料口高度即为两种料的摊铺成型厚度。同时，考虑分隔钢板部位脱空造成分界部位料物塌陷，在摊铺器料仓分隔板两侧料仓出料口顶部各留有梯形缺口（补偿料口）以保证料种分缝部位的碾压效果。摊铺料仓采用方钢三脚架连接推土机，推土机沿砾石土料与反滤料边线牵引摊铺器前进一次完成摊铺。双料摊铺器制作加工结构见图 2。

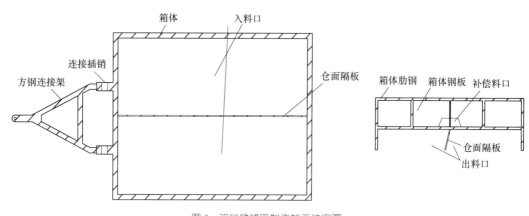

图 2 双料摊铺器制作加工结构图

4 双料摊铺器的应用

双料摊铺器加工制作完成后，技术人员又进行了现场摊铺试验。双料摊铺器能同时摊铺砾石土及反滤料两种料，摊铺面边线整齐，不再有砂-土相互侵占现象出现。首次摊铺速度为 5m/min（操作人员熟练后摊铺速度还会提升），且施工质量易于保证，试验证明本方案可行。技术人员也根据现场试验结果制定了新的心墙区填筑施工工艺，具体施工工艺如下：

（1）层面处理及验收。每层分界面铺筑前，人工将层面上的杂物清理干净，经监理工程师验收合格后方可进行下道工序施工。

（2）测量放线。层面验收合格后，测量人员使用手持式 GPS 测量仪按设计图纸放出心墙土料及反滤料的铺料边线并将边线用白灰标记。同时，施工人员在距离料种分缝线 1.85m（推土机中线至履带板边缘距离）处平行放线并白灰撒线，画出推土机行走轨迹引导线，以保证推土机行走路线的顺直。

（3）双料摊铺器就位。用反铲挖掘机将双料摊铺器吊装至分界区左、右岸一侧对应摊铺位置，将双料摊铺器的料种分割板与料种分界线重合，双料摊铺器方钢连接架方向朝向铺料方向，并连接在推土机机身后面的连接插销上。

（4）卸料。将装有反滤料及砾石土料的自卸汽车采用后退法将砾石土料及反滤料分别卸在分界区各自准备摊铺的位置上。反滤料应采用单车分堆卸料的方式卸料，以保证卸料堆占地尺寸满足摊铺作业要求，便于后续摊铺作业施工。

（5）摊铺。由推土机沿分界线牵引双料摊铺器一次完成铺料，摊铺过程中，装载机或液压反铲及时跟进给料（图 3）。当铺料箱偏离白灰线距离超过 5cm 时应及时用挖机调整。如此连续作业，将分界面铺筑完成。对于靠近处和摊铺器难以铺筑的局部地方用反铲进行摊铺。砂-土分界面完成摊铺后，进行心墙区剩余部位的填筑施工。采用进占法填筑心墙土料，后退法填筑上、下游侧的反滤料。

（6）碾压。当整段分界面（3m 宽）铺筑完成后，采用 26t 自行式振动平碾（碾宽 2.2m）沿铺筑方向（振动轮中线对准分缝线）碾压，静碾 2 遍＋振碾 12 遍（按砾石土的碾压参数碾压，本次碾压完成后不再进行跨缝碾压），将振动碾的行走速度控制在（2.5±0.2）km/h。

（7）检测。分界面碾压完成后，试验人员采用试坑灌水法检测压实度、相对密度及其颗粒级配。取样频次：1 次/500m³，每层至少 1 次。

图 3 双料摊铺器摊铺砂-土边界区实况

5 应用效果

（1）成功实现了砂-土边界填筑松坡平齐施工，并且首次 100％按照设计体型完成了心墙土料与反滤料设计收坡坡比的填筑施工。

（2）砂-土分界部位一次摊铺成型，填料尺寸清晰，避免了料种相互侵占，减少了浪费。

（3）对于心墙土料及反滤料分界部位，采用双料摊铺器完成摊铺，解决了采用常规施工方法中推土机摊铺边界部位、粗颗粒易于集中等问题，提高了接缝施工质量。

（4）有效地解决了采用常规施工方法最大的施工干扰问题，能有效控制填筑面的摊铺层厚。根据不同料种碾压沉降量设置的不同铺料厚度以及创造性地增设补偿料口，在很大程度上提高了分界部位的碾压质量，对土石方填筑，特别是双料分界部位的填筑施工具有极大的实用及推广价值。

6 结语

采用新研制的双料摊铺器进行砂-土分界区摊铺作业，砂-土各 1.5m 范围一次摊铺后再进行大面填筑的施工方法是传统施工方法的一次技术革新。解决了常规砂-土分界面施工方法存在的料种间相互侵占、填筑料尺寸不规范、施工效率低、施工干扰大、质量隐患多等诸多问题，减少了边界处理工序，节约了施工成本，提高了边界部位施工质量。

值得注意的是：采用后退法进行分界区土料卸料时，对上料路线必须进行专项规划，尽量避免重车在心墙土料上行走对土料造成的剪力破坏。摊铺作业完成后，应及时用凸块碾对车辆行驶及装载机上料压光土料面重新进行刨毛处理。

双料摊铺器及其心墙分界面施工新方法适用于高土石坝不断提高的施工进度及质量要求，可在高土石坝施工中大力推广。

TB 水电站导流洞出口复杂地形地质围堰设计与施工

石建国　高治国/中国水利水电第十四工程局有限公司

【摘　要】 TB 水电站导流洞出口地形复杂，地质条件较差，边坡高陡，水流湍急，且出口结构伸入河道，外侧场地狭小，同时导流洞断面大、洞线长，工程规模大，工期紧，泄洪能力要求高等，对导流建筑物设计和施工提出了难题。通过在导流洞出口采用"碾压混凝土围堰＋土石子围堰"方案，较好地解决了复杂地形地质情况下的围堰选型和使用功能，保障了主体工程顺利、安全施工。

【关键词】 导流洞　复杂狭窄地形　围堰结构　设计　施工

1 工程概况

TB 水电站位于云南省迪庆州维西县中路乡境内，其上游梯级为里底，下游与黄登梯级相衔接。工程区域内流域属高山峡谷地貌区，河谷深切，水流湍急，河谷两岸岸坡的自然坡度为 25°～45°，多陡坎。区内地层岩性复杂，不同时期岩浆岩与不同年代的沉积岩、变质岩相互穿插、交融展布，地貌类型复杂多样。导流洞布置于河床左岸，为 2 条城门洞型隧洞（平行布置），洞身长度分别为 1359.7m 和 1484.5m。出口边坡中分布 F_{40}、F_{41}、F_{42} 断层，破碎带宽 10～30cm，出口 1630m 高程以下主要分布为冲洪积物及崩积物，上部多覆盖崩坡积物，厚度为 5～15m。

坝址河谷呈基本对称的 V 形，河床高程 1603.00～1613.00m，枯水位 1618.00m 时河水面宽度 50～80m。河流径流主要为降雨补给和少量融雪补给，坝址多年平均流量为 818m³/s，多年平均径流量为 258 亿 m³。

拟建的电站主体建筑物级别为大（1）型 I 等工程，根据水工设计手册及规范，导流建筑物级别选择为 IV 级。其相应土石围堰导流建筑物设计洪水标准为 10～20 年一遇洪水，混凝土围堰导流建筑物设计洪水标准为 5～10 年一遇洪水。本工程如果围堰失事，将会对主体工程的工期造成较大的影响，且经济损失较大，围堰设计洪水标准宜选择相应结构形式的较高等级标准——10 年一遇。

2 导流方案选择

为确保导流洞身段、出口明渠正常施工及安全度汛，导流洞出口采用全年围堰进行挡水、原河床泄水过流的方案。

3 围堰设计

3.1 围堰方案比选

结合导流施工方案，导流洞出口围堰采用不过水的围堰结构型式。本工程具有位于高山峡谷地貌、河谷深切、水流湍急、导流洞出口地质条件较差的特点，结合导流洞出口的结构形式考虑了以下五个方案，且对其进行了比选，对比详情见表1。

综上比较，方案一，导流工程造价虽然低、施工速度快，但围堰断面较大，侵占河床多，对河床泄洪影响大，高山峡谷河流的导流洞围堰选择时，由于河床狭窄，土石围堰设计一般不宜采用。方案二相对于方案一对原河床束窄较小，且可通过预留岩埂占压部分底板，总体侵占河床少，对河床泄洪影响不大，土石填筑工程造价低、施工速度快，但出口结构伸入河道，外侧场地狭小，不适宜采用。方案三虽然围堰断面较小，侵占河床少，对河床泄洪影响小，围堰结构稳定，安全可靠，但导流工程造价高，前期混凝土施工强度最高，砂石、混凝土生产系统建设工期紧，施工时难度较大，经过技术经济分析并考虑施工进度要求，对导流

表1　　　　　　　　　　　　　　　　　　　　　　　导流洞出口围堰方案比较表

围堰方案	方案一	方案二	方案三	方案四	方案五
方案简称	土石围堰	预留岩埂＋土石围堰	常态混凝土围堰	预留岩埂＋贴坡常态混凝土围堰	碾压混凝土围堰＋土石子围堰
方案描述	基础全部开挖完成后进行围堰土石方填筑，土石围堰全年挡水，原河床泄水过流	基础开挖过程中预留部分岩埂，岩埂＋土石填筑围堰进行全年挡水，原河床泄水过流	基础全部开挖完成后进行围堰混凝土浇筑，混凝土围堰全年挡水，原河床泄水过流	基础开挖过程中预留部分岩埂，岩埂＋贴坡常态混凝土围堰进行全年挡水，原河床泄水过流	枯期先进行子围堰填筑施工，子围堰具备挡水条件后尽快进行碾压混凝土围堰施工，碾压混凝土围堰施工至正常水位后拆除子围堰，碾压混凝土围堰全年挡水，原河床泄水过流
侵占河床范围	大（河床侵占80%）	较大	小	较小	较小（河床侵占2%）
河道泄洪影响	大	较大	小	较小	较小
基础基岩要求	较低	低	高	较高	高
抗冲能力	差	较差	强	较强	强
前期混凝土施工强度	低	低	高	较低	高
施工难度	较低	低	高	较低	低
施工速度	较快	快	慢	较慢	较快
工程造价　导流洞出口	670万元	568万元	1752万元	860万元	1425万元
工程造价　造价综合评估	低	低	高	较低	较高

洞出口围堰设计不是最佳方案。方案四，虽然围堰断面较小，侵占河床较少，对河床泄洪影响较小，导流工程造价低，但导流洞出口地质条件较差，采用"预留岩埂＋贴坡常态混凝土"围堰时贴坡混凝土的稳定性要求高，堰基难以坐落于基岩上，不易成形，施工难度大，从安全可靠角度考虑不是最佳方案。方案五，前期枯水位时采用子围堰挡水来保障出口围堰基础开挖及混凝土在干地上施工，为出口围堰基础处理创造了有利的条件，同时混凝土围堰结构稳定，安全可靠，后期采用混凝土进行全年挡水时，鉴于混凝土围堰断面小，侵占河床少等特点，对河床泄洪影响不大；虽然此方案工程造价相对较高，但较好地解决了导流洞出口结构伸入河道、外侧场地狭小且地形地质条件较差的问题，有效地保证了汛期对洪水的泄流能力和主体工程尽快进点和施工顺利进行。

因此，根据导流洞出口地形地质条件较差、出口结构伸入河道、外侧场地狭小、江水湍急的特性，综合考虑工期及施工安全因素，导流洞出口围堰采用"碾压混凝土围堰＋土石子围堰"方案。

3.2　围堰结构设计

根据工程特性，导流洞出口围堰挡水标准均按10年一遇洪水进行设计，相应流量 $Q=5370.0\text{m}^3/\text{s}$；考虑遇超标准洪水时堰顶具备加高至挡全年15～20年一遇洪水条件，20年一遇洪水相应流量 $Q=6320.0\text{m}^3/\text{s}$。当流量 $Q=5370.0\text{m}^3/\text{s}$ 时，对应导流洞出口水位约为1628.93m；当流量 $Q=6320.0\text{m}^3/\text{s}$ 时，对应导流洞出口

水位约为1630.40m。根据水位-流量关系曲线及考虑下游电站正常蓄水位1619.00m顶托影响、度汛所需的堰顶安全超高要求，导流隧洞出口围堰堰顶高程拟定为1630.00m，堰顶宽3m（遇超标准洪水时顶部混凝土防浪墙具备挡全年15～20年一遇洪水的条件）；出口子围堰结合枯期水位堰顶高程拟定为1619.00m，堰顶宽3m。

（1）围堰布置及结构型式的选择。导流洞出口1630.00m高程以下主要分布为冲洪积物及崩积物，为保证围堰基础稳定及安全考虑，需对基础采取有效措施进行处理和加固。设计方案中考虑对导流洞出口底板1610.00m高程以下不良地质段进行基础开挖（挖至与基岩交面），然后采用常态混凝土浇筑，浇筑完成后对基础进行固结灌浆防渗和帷幕灌浆，从而保证基础满足抗滑、抗剪、抗倾覆、抗渗、抗冲刷要求。为加快枯期出口围堰施工速度，设计方案考虑在出口围堰水位高程以上开挖期间采用土石填筑子围堰并进行抽水，在枯期子围堰的保护下，保证出口围堰基础开挖及混凝土在干地上施工，从而缩短工期。

出口围堰采用"常态＋碾压混凝土"结构型式，轴线全长约为203m，堰顶高程为1630.00m，堰高为20m，考虑施工方便堰顶宽3m，围堰迎水侧坡比拟定为1:0；背水侧坡比拟定为1:0.6。堰基坐落于基岩上（强风化下限），断面满足抗滑、抗倾覆等稳定要求。导流洞出口底板设计开挖高程以下采用常态混凝土浇筑补平（不拆除），以上部分采用碾压混凝土，围堰垂直迎水面采用GERCC混凝土防渗（厚0.5m）。为便于后期拆除施工，围堰背水面采用阶梯结构型式（高1m，

宽 0.6m，GERCC 混凝土厚 0.5m）；导流洞出口混凝土

围堰结构见图 1。

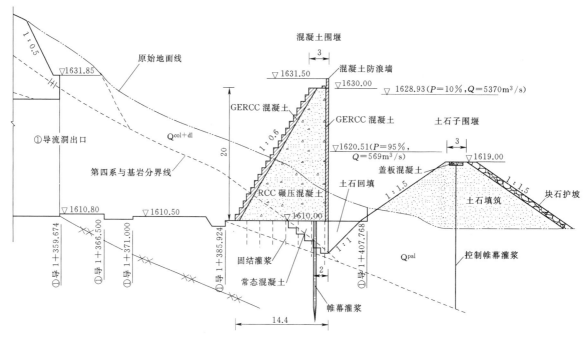

图 1 导流洞出口围堰结构设计图（单位：m）

出口子围堰采用"预留岩埂＋土石围堰"的结构型式，轴线全长约为 208m，堰顶高程为 1619.00m，最大堰高约为 12m，堰顶宽 3m，围堰迎、背水侧坡比均拟定为 1∶1.5，在迎水坡面采用块石护坡，保证围堰稳定。

根据出口碾压混凝土围堰的结构设计，在极限状态下通过基本荷载组合、偶然荷载组合，运用作用效应函数、抗压强度极限状态抗力函数、抗滑稳定抗力函数及抗拉强度极限状态抗力函数进行复核计算得：抗剪断强度公式计算的堰体抗滑稳定安全系数 K 为 3.36，大于 3.0，满足规范要求；抗剪强度公式计算的堰体抗滑稳定安全系数 K 为 1.1，大于 1.05，满足规范要求；堰基应力最大值与最小值之比为 1.47，小于 2.0，满足规范要求；堰趾抗压强度、堰基抗滑能力及堰踵混凝土抗拉强度均满足要求。

（2）防渗结构设计。根据工程地质资料，并考虑经济因素，围堰防渗设计标准按不大于 10Lu 进行设计，出口子围堰采用单排控制帷幕灌浆防渗（孔距 1m），并设盖板混凝土（厚 0.5~1m）；出口混凝土围堰采用单排帷幕灌浆防渗（孔距 1m，入岩 1m），垂直迎水面坡脚在常态混凝土内设置橡胶止水，围堰基础采用固结灌浆（孔距 2m，排距 2m，入岩 3m）防渗，出口底板设计开挖高程以下常态混凝土部分不拆除。

（3）防冲结构设计。导流洞出口子围堰迎水面采用块石护坡形式，出口混凝土围堰垂直迎水面采用 0.5m 厚的 GERCC 混凝土防冲刷。

4 围堰维护措施

围堰维护措施包括以下几方面内容：

（1）及时掌握水情预报信息，对围堰进行实时监测，派专人 24 小时进行巡视、检查，并准备必要的抢险材料，雨季随时保持道路畅通。

（2）在围堰上设变形观测点，定期进行测量观察，检查其位移情况。若出现位移、沉降，便采取在迎水面抛投大量石渣、背水面砌块石对围堰进行防护。

（3）若围堰被水流冲刷发生局部塌滑，采取先抛黏土后抛石渣进行修复。

（4）若遇超标准洪水，将围堰加高，进行围堰加高部分迎水面及背水面加码编织袋土石包。出口混凝土围堰顶部防浪墙具备挡全年 15~20 年一遇洪水的条件。

5 围堰施工

（1）施工准备及料源规划。施工进场后首先进行相关风、水、电系统等临时设施的布置及施工，然后进行施工道路及设计开口线以外的边坡清理和截水沟的施工。导流洞进口围堰及出口子堰体填筑料主要利用导流洞进、出口明挖料，护坡块石从开挖料中选取，混凝土由混凝土拌和系统提供。

（2）土石方填筑施工。围堰填筑全断面平起施工，填筑面保持均衡上升，采用边挖边填的方式在导流洞

进、出口明挖的同时进行围堰填筑施工。堰体填筑前期，进行填筑材料的现场填筑和碾压试验，确定填筑和碾压施工工艺。填筑时视河床水位情况，围堰水下部分先进行钢筋石笼护脚，再用进占法进行填筑施工；围堰水位以上部分采用进占法铺料，分层进行填筑，施工时严格控制铺筑厚度（层厚0.8m），铺筑后碾压并夯实。围堰填筑结束后，对堰顶和堰坡进行修整处理。填筑工序为：测量放线→卸料→洒水→平料→碾压→质检→下一循环。

（3）钢筋石笼、块石护坡施工。钢筋石笼加工完成后，自卸汽车运至工作面，采用反铲配合人工装填石块，通过汽车吊运至铺设位置，水上部分焊接以保证稳定性。块石直接从明挖料中选取合适料源并堆存，水上部分护坡采用反铲进行坡面修整，反铲配合人工进行迎水面块石护坡施工。

（4）混凝土施工。

1）常态混凝土施工。常态混凝土采用组合钢模板立模，分段长度按15～20m、分层高度按3m进行控制，水平运输采用6m³搅拌运输车运输，垂直运输采用负压溜管的方式，通过泵送入仓方式进行浇筑，混凝土入仓后人工平仓并振捣。施工顺序为：仓位准备→混凝土拌制→运输车运输→混凝土拖泵入仓→平仓振捣→混凝土养护。混凝土水平运输期间采取必要的遮阳措施避免运输过程中的温度回升。

2）RCC碾压混凝土施工。碾压混凝土分层厚度一般按3.0m考虑，局部调节仓面分层厚度小于3.0m。同一仓面分层碾压厚度30cm，铺料厚度约34cm，部分调节分层碾压厚度为20cm，铺料厚度约23cm，具体参数由试验确定。围堰混凝土沿纵向按15～20m切缝，块与块之间设置横缝，缝间在常态混凝土内设置橡胶止水，采用沥青木板填缝。

模板采用翻转模板＋组合钢模，碾压混凝土主要采用20t自卸车运输，入仓方式主要为自卸车直接入仓和人工辅助入仓，施工材料运输采用汽车吊进行吊装。大面积的平仓作业采用具有操作灵活、行走时对层面破坏小激光平仓机TSY160L为主，D3GLGP小型平仓机主要承担模板及细部结构较集中的边角部位的平仓，主要采用BW－202AD型振动碾进行碾压，靠近模板边角位置则用BW－75S小型振动碾碾压，HZQ－65手持振动式切缝机切缝。

3）GERCC混凝土施工。GERCC混凝土采用"变后补压"的施工方法，即铺料结束后（GERCC料适当低铺3～5cm），加入定量浆液后，采用振捣器振捣GERCC混凝土，再进行碾压。GERCC混凝土施工模板采用翻转模板＋组合钢模，运输方式同碾压混凝土，采用BW－75S小型振动碾进行碾压。

（5）围堰拆除。导流洞进口围堰水上、水下部分分两期进行拆除，一期水上部分非石方采用反铲挖装20t自卸车运至指定渣场，石方采用手风钻造孔爆破；二期水下部分对背水面预留岩埂、中部剩余防渗体、迎水面填筑体及覆盖层进行分区分块，采用履带潜孔钻或轻型潜孔钻、跟管钻机、长臂反铲等机械设备进行拆除。

导流洞出口子围堰在出口碾压混凝土围堰施工至正常水位以上且具备挡水条件后，在汛期到来前进行拆除。炸碎方案是目前国内外采用最多的方案，爆破技术成熟，可靠性好，爆破效果相对容易预测。导流洞出口碾压混凝土围堰水上、水下部分采用爆破技术一次性拆除，出口底板设计开挖高程以下常态混凝土不拆除。

6 结语

导流洞出口采用"碾压混凝土围堰＋土石子围堰"方案，其中出口子围堰采用"预留岩埂＋土石围堰"的结构型式，具备施工条件后在枯期低水位时段及时进行填筑施工，可有效为出口全年围堰施工创造条件。针对导流洞出口结构伸入河道、外侧场地狭小、地形地质条件较差、水流湍急的特性，出口围堰采用"常态＋碾压混凝土"的结构型式，虽然此方案工程造价相对较高，但较好地解决了导流洞出口结构伸入河道、外侧场地狭小且地形地质条件较差的问题，满足抗滑、抗剪、抗倾覆、抗渗、抗冲刷要求及使用功能，围堰断面较小、束窄河床较少，对原河床泄流能力影响不大，有效地保证了汛期对洪水的泄流能力和主体工程尽快进点、顺利施工。

针对TB水电站导流洞出口情况进行的围堰设计与施工方案，较好地解决了复杂地形地质情况下围堰的力学性能问题，保障主体工程顺利、安全施工。本文从设计和施工两方面进行了详细论述，可为今后类似工程提供参考。

制冷剂在混凝土制冷生产中的应用与展望

赵彦辉　杜　臣　迟　欣/中国电建集团成都勘测设计研究院有限公司

【摘　要】　本文论述氨液和氟利昂 R22 两种制冷剂在水电站混凝土拌和系统制冷生产中的应用，分析对比了各自的优缺点，对制冷剂的应用及发展前景进行了展望。

【关键词】　水电站　混凝土系统　制冷剂应用　发展展望

1　引言

我国水电工程大坝混凝土系统，首次采用加冰冷却温控措施，可追溯到 20 世纪 50 年代的三门峡水电站，之后水电站拌和系统制冷技术不断得到提高和完善，尤其是在小湾和锦屏世界级拱坝建设过程中，因混凝土温控技术的严格要求，从而带动拌和系统制冷技术不断提高，并趋于成熟。

传统的制冷技术所采用的制冷剂为氨（分子式 NH_3），由于其施工中安全性能差，现已开始用安全性能高的氟利昂 R22 制冷剂逐步代替，由于氟利昂 R22 对大气臭氧层有破坏作用，从而导致全球气候变暖，预计 ODP（消耗臭氧潜能值）等于零的 HFCs（氢氟烃）和 GWP（全球变暖潜能值）低的制冷剂将会随着《蒙特利尔议定书》（国际大气环境保护公约，全名是《蒙特利尔破坏臭氧层物资管制议定书》，我国是缔约国）的落实，在 2030 年年前逐步发展普及，要做好技术储备和各项落实工作的准备。

2　氨制冷技术

2.1　氨的物理化学特性

氨分子式为 NH_3，是一种无色气体，有强烈的刺激气味。降温加压可变成液体，液氨是目前使用最为广泛的一种中压中温制冷剂。氨的物理化学特性如下：

（1）氨是无色有刺激性气味的气体，氨对人体的眼、鼻、喉等有刺激作用，吸入大量氨气能造成短时间鼻塞，并造成窒息感，眼部接触易造成流泪，接触时应小心。

（2）密度比空气小，标准状况下，氨气的密度为 0.771g/L。

（3）沸点较低，极易液化，氨的凝固温度为 −77.7℃，标准蒸发温度为 −33.3℃，在常压下冷却至 −33.5℃ 或在常温下加压至 700～800kPa 时，气态氨就液化变成无色液体，同时放出大量的热。液态氨气化时要吸收大量的热，使周围物质的温度急剧下降，人们正是利用氨的这个特性将液氨作为制冷剂。氨的单位标准容积制冷量大约为 520kcal/m³。

（4）极易溶于水，常温下 1 体积水可溶解 700 倍体积氨。

（5）氨有很好的吸水性，即使在低温下水也不会从氨液中析出而冻结，故制冷系统内不会发生"冰塞"现象。

（6）氨对钢铁不起腐蚀作用，但氨液中含有水分后，对铜及铜合金有腐蚀作用，且使蒸发温度稍许提高。因此，出于安全需要，氨制冷装置中不能使用铜及铜合金材料，并规定氨中含水量不应超过 0.2%。

（7）氨的比重和黏度小，放热系数高，价格便宜，易于获得。

（8）氨具有较强的毒性和可燃性。若以容积计，当空气中氨的含量达到 0.5%～0.6% 时，人在其中停留半个小时即可中毒，达到 11%～13% 时即可点燃，达到 16% 时遇明火就会爆炸。因此，氨制冷机房必须注意通风排气，并需经常排除系统中的空气及其他的气体。用氨制冷时要严防其气、液泄漏。

2.2 氨制冷流程

氨在混凝土拌和系统风冷系统、冷水系统及制冰系统的制冷原理：风冷系统，液氨吸收空气的热量使空气温度降低，附壁式冷风机将低温空气吹入骨料仓，低温空气和骨料产生热交换使骨料温度降低到使用要求；冷水系统，液氨气化吸收水的热量使水降温，达到要求温度；制冰系统，液氨吸收水的热量使其凝成冰。

混凝土生产制冷系统的核心为氨压车间，传统的制冷剂为氨气，压缩机通常采用螺杆式压缩机，氨气经过压缩→冷凝→节流→蒸发→压缩循环，形成整个制冷过程。压缩冷凝后的液氨通过管路送往各个使用部位，如风冷骨料、制冰车间、冷水车间等，经各个使用部位的蒸发器吸热后形成的氨气，返回至氨压机重新压缩，并经冷凝形成液氨，从而形成一个完整的闭路循环，其整体流程框图见图1。

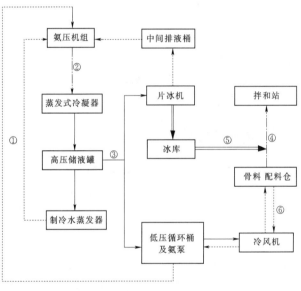

图1　氨制冷工艺流程框图

2.3 氨制冷系统的优点

氨制冷系统的优点包括以下几个方面：

（1）氨作为制冷剂价格低，1t液态氨为4000～5000元，相比较1t常用的R22制冷剂为2万多元。

（2）在蒸发温度较高、冷凝温度较低时，氨的热工性能较R22性能好，单位容积制冷量略高。从这点上讲，氨系统运行较为省电。

（3）氨机造价低。由于单个氨机制冷量可达到250kW甚至更大，而氟机（低温工况）最大为100kW，若要用于大冷量工况，就必须多机并联，因此，在大功率（100kW以上）的情况下，氨机明显较氟机并联机组价格低。

（4）由于氨气的刺激性气味，氨系统若发生泄漏易被发现。

2.4 氨制冷系统的缺点

氨制冷系统最大的缺点在于其安全性，氨制冷的安全问题一直受到了异常关注，根据《危险化学品名录》（2002版）氨作为危化品纳入政府重点监管、氨制冷系统作为特种设备也纳入政府重点监管。虽然国内涉氨企业一直都作为政府监控的重点，但也发生过一些意外事故，如2014年宁夏捷美丰友化工有限公司"9·7"较大氨泄漏中毒事故。那么氨制冷系统为什么会如此危险呢？

氨制冷系统的危险在于氨的特性、氨制冷系统的结构和运行管理上，具体表现在以下几个方面：

（1）氨是一种有毒物质。氨无色，有毒，含有强烈的刺激性气味，对眼、鼻、喉、肺及皮肤均有强烈刺激。氨气的浓度在0.5%～0.6%时，人在其中停留半小时就会中毒，严重时会死亡。浓度达到16%～25%时遇明火会爆炸。有不少冷库都是建在厂房附近的，存在明火或热源的可能性较高，所以有些氨泄漏事故出现了爆炸。

（2）氨制冷系统的缺陷。氨制冷机组稳定性和安全性不高，极易受外界影响。在运行时，容易出现零件脱落；设备管道和阀门如封闭不严，就可能造成氨泄漏的危险。特别是我国现存的老旧冷库，多是氨制冷冷库，使用时间也大多在20年以上，故障发生率较高。

（3）氨制冷系统的管理问题。由于氨制冷工作技术含量高，操作要求严，系统易受外界影响发生泄漏事故，氨制冷冷库管理工作的重要性尤显突出，需要管理和操作人员具备足够的管理经验能力和专业技能。但个别制冷单位，管理体系达不到要求，操作人员不认真按制度和规程操作，甚至有些单位违规操作，从而导致氨泄漏事故的发生。

随着我国技术水平的提高，经济能力的增强，安全管理法制化制度的强制执行，即使氨制冷廉价，但是新建的制冷系统更多地选用氟制冷，有些地区开始推行把氨制冷系统改造成氟制冷系统的政策。

3　R22制冷系统

3.1　R22的物理化学特性

R22化学名为二氟一氯甲烷，属于第二类氟利昂产品。其分子式为$CHClF_2$，沸点$-40.8℃$，熔点为$-160.00℃$，液体30℃时密度为$1.174g/cm^3$。临界温度为96.2℃，临界压力为4.99MPa。常温下为无色，近似于无味的气体，不燃烧、不爆炸、无腐蚀，是安全的制冷剂，安全分类为A1；加压可液化为无色透明的液体。R22的化学稳定性和热稳定性均很高，特别是在没有水分存在的情况下，在200℃以下与一般金属不起反应。在水存在时，仅与碱缓慢起作用，但在高温下会发生裂解。R22是一种低温制冷剂，可得到−80℃的制冷温度。R22用于往复式压缩机，使用于家用空调、中央空调、移动空调、热泵热水器、除湿机、冷冻式干燥器、冷库、食品冷冻设备、船用制冷设备、工业制冷、商业制冷，冷冻冷凝机组、超市陈列展示柜等制冷设备，是目前应用量最大、应用范围最广的一个制冷剂品种。其商业销售时的包装规格通常为：钢瓶包装，每瓶为13.6kg/22.7kg/40kg/400kg/800kg，集装罐存运输。

R22在储存与运输时虽然较氨安全，但也应注意R22制冷剂钢瓶为带压容器，储存时应远离火种、热源、避免阳光直接曝晒，通常存放于阴凉、干燥和通风的仓库内；搬运时应轻装、轻卸，防止钢瓶以及阀门等附件破损。

3.2 R22在混凝土生产系统中的应用特点

R22制冷的工作原理和工艺流程与氨制冷完全相同，因其更安全已被国内混凝土拌和系统生产厂家引进并应用，目前国内在建的两河口水电站混凝土生产系统采用的就是R22制冷，其最大的优点在于其安全性高，制冷系统不作为特种设备纳入安全管理。根据《危险化学品名录》（2002版），R22也不作为危化品纳入政府监管。在拌和系统采用R22制冷剂制冷时其制冷量可采用以下公式进行计算：

（1）制冷量的选取应根据设计温控混凝土最低要求温度进行计算，选取设计要求的混凝土出机口温度按下式计算：

$$T_o = \frac{\sum C_i G_i T_i + Q}{\sum C_i G_i} \qquad (1)$$

式中　T_o——混凝土出机口温度，℃；

C_i——混凝土第i种原材料比热，kcal/（kg·℃）；

G_i——组成每立方米混凝土第i种原材料质量，kg；

T_i——混凝土第i种原材料的平均温度，℃；

Q——每立方米混凝土拌和时产生的机械热，kcal/m³（取$Q=1500$kcal/m³混凝土）。

根据计算所得的总制冷量得到骨料和拌和所需加冰的制冷量，从而得到系统风冷和制冰车间的制冷需求量。

（2）温控楼要布置在拌和楼侧以保证管路最短、流向畅通并便于安装，设备管路上的压力表、温度计及其他仪表均应设置在便于观察的地方。

目前，混凝土系统生产厂家已将拌和系统制冷部分模块化、集成化，将冷水、制冰、风冷部分单独集成装入集装箱，这样便于现场安装和调试使用；在使用过程

中每个制冷模块独立工作，互不干扰。现场安装调试时只要按照说明书，在制冷楼分层安放相应的集装箱并联通管路，将冷却水塔安装在顶层即可。

3.3 R22的致命缺点

以R12、R11和R22为代表的卤代烃（CFCs和HCFCs）制冷剂的出现，给低温冷冻冷藏、空调领域和混凝土温控冷却系统增强了运输储藏和施工的安全性带来了较大发展。但是，自20世纪70年代中期开始，科学家发现包括氟利昂制冷剂在内的CFCs及后来以R22、R123为代表的HCFCs在大气平流层中消耗了大量的臭氧，并且在南极上空造成臭氧空洞，对地球表面的气候、生物产生了一系列不利影响——破坏大气臭氧层，从而导致全球气候变暖也就成为R22制冷剂的致命缺点。因此，寻求新型制冷剂成为制冷行业近年来遇到的严峻考验和挑战。

为了彻底消除对臭氧层的消耗，科学家又开发出了ODP（消耗臭氧潜能值）等于零的HFCs（氢氟烃）制冷剂，作为HCFCs（氯氟烃）的替代产品。等于零的HFCs虽可减少对臭氧层的破坏，但其GWP值较高（全球变暖潜能值），HFCs会使地球表面温度逐渐升高（即温室气体），属于《京都议定书》限制排放的6种温室气体之一。

4　制冷剂的发展趋势和展望

目前由于对HCFCs的生产和使用的削减已开始执行，作为替代产品的HFCs的使用量骤增，其向大气中的排放大量增加，使全球变暖的负面影响也日益加剧。因此，国际社会在把目光投向NH₃（氨）、CO₂（二氧化碳）和碳氢化合物等天然工质的同时，也把精力投向了寻找零ODP值、低GWP的HFCs制冷剂。在北美及欧盟各国、日本都相继制定或修订了相关的法律法规，提出了推广使用零ODP值、低GWP的各种HFCs制冷剂及逐步减少和限制使用高GWP的HFCs时间表。

中国制冷空调工业协会于2011年7月提出了中国工商制冷空调行业的HCFCs（氯氟烃）和HPMP（氟利昂）淘汰管理计划，并得到了蒙特利尔多边基金执委会第64次会议的批准。

我国是《蒙特利尔议定书》缔约国，承诺逐渐取消含有HCFC（氟利昂）物质的各类应用，到2030年实现除维修和特殊用途以外的完全淘汰，以保护地球臭氧层不受破坏。因此R22制冷剂虽其安全因数高，对大气臭氧层破坏小，但其GWP（全球变暖潜能值）高，也仅可作为氨液剂的替代品，2030年年前还需采用ODP和GWP更小，甚至为零的替代品，成为制冷行业今后发展的重点和方向。

当前世界相关领域的科研人员一直在寻求高效、经济、环保的替代制冷剂，并且取得了一些成果并得到实际应用，如 HCFCs（氯氟烃）制冷剂、HFCs（氢氟烃）制冷剂、HFO（烯烃）制冷剂、天然工质制冷剂、混合制冷剂等。

我国是守信用的大国，也是国际《蒙特利尔议定书》的缔约国，随着承诺期限的临近，国家行业都会出台相应的强制、限制和鼓励的法规和政策，我们作为央企应提前做好技术储备和各项落实措施的准备。

相信在不远的将来会有高效、经济、安全且环保的制冷剂和设备完全替代 R22 生产工艺，减小气候变暖，还子孙后代一个碧水蓝天。

水电站大洞径超长斜井扩挖施工技术

马琪琪/中国水利水电第六工程局有限公司

【摘　要】　在抽水蓄能电站施工中，针对大断面斜井开挖，采用绞车牵引无轨胶轮车运输；牵引潜孔钻车上下，配合手风钻凿孔；牵引挖掘机上下进行扒渣，基本实现了全程作业机械化施工，不但提高了生产率，而且还减轻了工人的劳动强度，减少了工作面作业人员的安全隐患，为斜井安全高效施工提供了技术保障。

【关键词】　大洞径　超长斜井　扩挖施工　全程机械　施工技术

1　引言

传统的斜井扩挖施工，一般采用有轨运输方式，人工扒渣作业；井内物资、材料及小型施工设备运输困难，存在安全风险。如：工作面爆破后，轨道无法紧跟工作面铺设（轨道与掌子面安全距离一般为30m左右），车辆不能最大限度到达工作面，打钻前后风、水管、风钻等设施准备及回撤工作时间长，且运输车不能行驶至上弯段上部进行材料装车，工人作业强度大。轨道运输系统中的重型道轨铺装是在斜面上施工，难度系数大，危险程度高，占用时间长，而采用无轨胶轮车运输可以解决斜井道轨铺装难的问题。

抽水蓄能电站大洞径超长引水压力斜井扩挖，每个工程都会定为高风险等级。为了改善传统工法中井内运输线路长、施工难度大、人工作业劳动强度高、进度缓慢等现象，查找分析斜井安全快速扩挖施工的关键问题提出解决方案，是目前大口径超长斜井开挖急需解决的关键技术。

将目前的大口径超长斜井扩挖的有轨运输优化为无轨运输较好地解决了这一难题，获得了国家实用专利、中电建科技二等奖。其工艺主要为：施工中控制运输通道平整度，做好无轨胶轮运输车胶轮设计选型，控制运行速度，从扒渣挖掘机、液压钻车上下行走安全技术措施研究等多方面入手，重点解决运输胶轮车在斜井弯段进行材料装车的技术方案。

无轨胶轮运输车提升系统研制成功，还可在斜井混凝土衬砌及灌浆施工过程中应用。

2　荒沟抽水蓄能电站引水斜井工程简介

荒沟抽水蓄能电站引水斜井包括1♯、2♯两条斜井，每条斜井由上平段、上斜井段、中平段、下斜井段和下平段组成。每段斜井包括上弯段、斜井直线段和下弯段。引水上斜井的上下弯段分别与上平段和中平段相连；引水下斜井的上弯段与引水中平洞相连，下弯段与引水下平洞相连。1♯、2♯引水上斜井长度为229.19m，1♯引水下斜井长度为384.73m，2♯引水下斜井长度为388.55m，引水上下斜井开挖角度均为50°，开挖断面均为圆形，直径7.9m，衬砌后直径为6.7m的圆形断面。

引水压力下斜井桩号0+751.41～1+007.98，该段属Ⅱ类、Ⅲ类围岩，断层部位为Ⅵ类围岩。Ⅱ类围岩为新鲜白岗花岗岩，岩质坚硬、完整，围岩整体基本稳定；Ⅲ类围岩为微风化白岗花岗岩，节理较发育，此段围岩稳定性较差，围岩为新鲜的白岗花岗岩，岩质坚硬，节理不发育，岩体完整，洞壁干燥，在开挖过程中存在中度岩爆现象。

3　引水斜井扩挖施工

3.1　引水斜井总体方案设计

荒沟抽水蓄能电站引水斜井均采用 TR-3000 型反井钻机施工导井，先钻设 ϕ311mm 导孔，再通过钻机反提扩挖钻头，形成 ϕ2.4m 的溜渣井。溜渣井施工完成后，由上至下一次扩挖到 ϕ7.9m 的设计断面。开挖作业采用潜孔钻车配合手风钻凿孔，周边孔光面爆破，工作面扒渣作业采用挖掘机扒渣，将渣扒进溜渣孔，溜到斜井底部，通过装渣机装汽车运到洞外弃渣场。

在井内布置一台无轨胶轮运输车运送作业人员、材料和工器具；运输车设计采用一台 2JPM-1.2/0.8P 型提升绞车进行牵引，该车由单个滚筒左右侧缠绕双绳，绞车运行时双牵引钢丝绳同时受力，目的是增加设备运行安全性。施工中如一根绳出现极端破坏时，另一根绳仍可承担全部提升负荷（起到防坠保护），同时还可以方便运输车在上弯段进行材料装车，提高生产效率，加快施工进度。在斜井内靠右侧安装一条人行爬梯，作为备用行人通道。另布置一台 2JZ－16/800 型凿井绞车牵引挖掘机和潜孔钻车入井内作业面，两种设备不同时运行，该绞车由双滚筒缠绕双绳，具备断绳保护的功能。

在上井口变坡点沿洞宽布置 φ48mm×3.5mm 钢管焊制的开闭式防护栏杆，车辆通过时打开，其他时间均处于关闭状态，栏杆下部设置踢脚板，起到遮挡杂物的作用，防止杂物滑落到斜井内，保证井下作业人员的安全。

3.2 提升系统布置设计

斜井导井施工完成后，斜井扩挖采用自上而下施工成井。为了满足斜井扩挖时人员、材料、设备井内运输及工作面作业安全防护，井口布置运输车提升系统，通过绞车、导向轮、动定滑轮组减载导向进行提升。

在上平台设计位置安装绞车各自独立的永久导向轮，导向轮固定在拖梁上，拖梁采用前后、高低错位的方式布置，以错开提升钢丝绳安全出绳距离要求。横梁

材料使用 20a 工字钢焊成格构梁，横梁两端各布置 φ22mm×4m 锁梁锚杆，利用锚杆焊接托架对横梁进行悬吊加固。

斜井提升系统包括绞车、运输车、钢丝绳、导向轮、动定滑轮组、连接装置、限载防险自控装置组成。通过绞车、钢丝绳牵引运输设备，运输车负责作业人员、施工材料、风水管路、工器具的运输（人员和材料严禁混运），提升采用 2JPM－1.2/0.8P 型提升绞车，提升能力为10t，运输车自重为3.5t，设计载重2t。扒渣使用的挖掘机自重为8t，潜孔钻车自重为3t，且不同时使用，采用一台 2JZ－16/800 型双滚筒16t凿井绞车提升，通过动定滑轮组减小牵引力，牵引钢丝绳采用 φ30mm 钢丝绳，强度等级 1870N/mm²，钢丝绳型号为 18×7，安全系数均满足规范规定和业主安全要求。挖掘机及潜孔钻车作业时使用绞车牵引下放至工作面，结束作业后上提至井口平洞内放置。为保证中平洞内运输空间，绞车靠平洞左侧布置，使用双绳提升车辆，一根钢丝绳负责提升，另一根作安全绳，当提升绳意外断绳时，安全绳可以满足全部提升需求，在出现意外情况下能够保证运输车辆的运行安全，经分析计算，各项安全指标均满足规范要求，引水斜井施工系统布置示意图见图1。

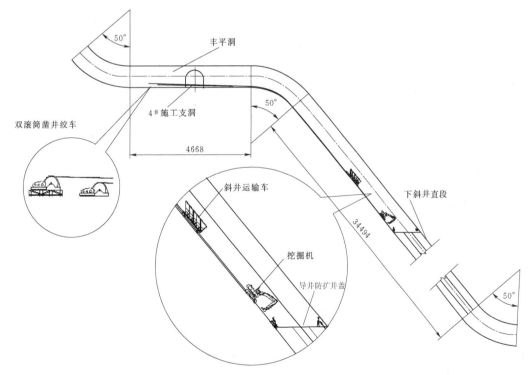

图1 引水斜井施工系统布置示意图

3.3 无轨运输车辆设计

提升运输车采用 2JPM－1.2/0.8P 型提升绞车提

升，绞车电控系统预设有限速控制，无密码不可调整装置，速度上限值为30m/min（DL/T 5407—2009《水电水利工程斜井竖井施工规范》）；绞车制动系统设计为常

闭式，采用滚筒液压抱闸制动与电机液压抱闸制动相结合的制动方式，绞车启动时利用液压系统联动松开抱闸，绞车停止运转时抱闸自动关闭，突然断电时抱闸随即自动关闭。

实用新型专利运输车设计为无轨胶轮型钢结构车辆，底盘使用国产东风141型汽车后桥改装，前后两根轴，4个行走轮均为双轮（高强度实心胶轮），以保证车辆使用的可靠性。运输车底盘使用20b工字钢焊制而成，车长5m，宽2.2m，车厢使用δ5mm钢板焊制，车辆前部（下面）车厢设计为载物区域，后部（上面）车厢设计为载人区域，两个区域中间设计隔挡，车辆车厢周圈上部设有防护栏杆，车厢能够有效防止运输过程中材料滑落。运输车所有焊接位置的焊缝要进行满焊，焊缝后进行无损探伤检测，并做好日常检查工作，运输车限载8人，限重2t，运行过程中严禁超员超载、人货同载。在运输车底盘4个角设置有水平导向轮，通过可调杆件联动行走轮，自动调整行走轮左右摆动角度，该装置在行驶过程中保证了运输车运行过程的安全通畅。

采用无轨胶轮运输方式，为井内人员及材料提供运输服务，是具有专利技术的无轨胶轮运输车。该设备在斜井使用过程中，体现了对路面适应性强的特点；由于是双绳牵引，并配置了动定滑轮组和限载防险装置，制定了定期检查和日常巡检保养制度，安全性得到了保障，整个施工期间未发生一起安全事故。同时，运输车可以到达斜井上弯段及工作面，甚至平洞内，极大的方便材料、工器具的装运，减轻工人的劳动强度。

3.4 引水斜井扩挖施工方法

在斜井扩挖施工前，先进行钻设应力释放孔，释放岩石内部应力，同时将岩石进行喷水湿润，防止岩爆发生，在扩挖过程中，进行一炮一支护原则，保证扩挖施工安全；斜井扩挖采用潜孔钻车配合YT-28型手风钻钻孔，人工装药，采取微差起爆网络形式，采用2♯岩石乳化炸药。洞内周边钻孔直径为42mm，采用YT-28型手风钻钻孔，药卷直径32mm，钻孔深3.0m，周边采用光面爆破，隔段装药控制药量；崩落孔钻孔直径为90mm，采用潜孔钻机钻孔，药卷直径为70mm，钻孔深3.5m，循环进尺2.4m。爆破施工中，严格控制岩石大块率，加密炮孔，以防止渣块过大而堵溜渣井。

钻爆作业中，使用手风钻配合液压潜孔钻车施工，与过去习惯采用的人工手风钻钻爆、人工扒渣相比，提升了钻孔效率与质量，减小了安全风险。爆破后工作面使用挖掘机进行扒渣，实现了扒渣机械化，与人工扒渣效率相比，循环时长大大缩短，减少了扒渣人员的投入，对工期的控制起到重要作用。

4 引水斜井施工安全技术研究

4.1 挖掘机与车辆运行道路整平安全技术

为解决挖掘机与车辆运行道路平整，经研究讨论，沿引水压力斜井井壁底部3.5m范围内开挖成平底，对沟槽两侧喷混凝土成行车沟槽，为保证沟槽成型，两侧支立模板，且在底部胶轮车运行范围内将超挖基层使用喷混凝土料垫平，确保路面平整；在施工中采用此技术，车辆上下均沿沟槽运行，有效地提高车辆运行的可靠性，保证了运输安全。成型沟槽宽3500mm，深300mm。

4.2 挖掘机、潜孔钻车运行安全技术

为保证挖掘机或潜孔钻车入井作业运行安全，采取了提升钢丝绳牵引下放至工作面，闲置时间段利用提升钢丝绳牵引上提至井口平洞内停靠；机械设备在斜井内上下运行时必须使用提升双钢丝绳牵引配合，严禁单独使用车辆自带驱动上下运行。挖掘机上下运行时，由司机乘坐在驾驶室内操作机械行走。潜孔钻车上下运行时，为便于操作手灵活的控制钻车方向，操作手也乘坐在钻车上控制钻车行走，在钻车上加装乘人座，乘人座与钻车底盘夹角近似50°，人员侧向乘坐，以方便前后观察钻车运行情况并操作，从而提高运行灵活性、安全性。

凿井绞车行驶速度为7m/min，操作手控制机械设备上下运行时，控制设备行驶速度要与绞车提升速度匹配，行驶过程中让提升钢丝绳始终牵引受力，不允许超过绞车提升速度单独走。挖掘机与潜孔钻车上下运行时由操作手利用对讲机指挥井口绞车司机，发现问题及时指挥凿井绞车司机停车，故障消除后方可正常运行。掌子面开挖成平底，以利于机械设备作业安全，机械上下运行及作业期间派专人进行监护，负责看护机械作业安全。

挖掘机自身焊制有单独的牵引环，为满足双绳牵引的本质需求，在原车底盘牵引环临近位置加装一个牵引环，原机设计采用δ20mm钢板，现采用δ16mm钢板（材质Q235钢）两块并焊在挖掘机底盘上，对连接环与机体相连边打坡口进行满焊，以提高焊接可靠性。经实践证明，采取了以上技术，有效地解决了挖掘机或潜孔钻机入井作业运行安全问题。

4.3 工艺应用范围

由于该工艺一次性投入较大，洞内设计开挖体型需改造，设备的利用率不高，故适用于工期较紧的大洞径、超长斜井扩挖。

5 结语

随着国内抽水蓄能电站大规模上马，施工技术的日趋成熟，无轨胶轮提升运输系统配合机械化作业工法取得了阶段性成果，并首次在荒沟抽水蓄能电站长斜井扩挖中成功应用。实现了超长斜井机械化施工作业，保证了施工安全，加快了施工进度，保证了施工质量，取得了良好的经济效益和社会效益，是一种安全实用且快速扩挖的斜井施工技术，为后续抽水蓄能电站大洞径超长引水系统、压力斜井扩挖施工提供了参考。

防波堤大型扭王字块体预制件施工技术

潘伟君/中国水利水电第十二工程局有限公司

【摘 要】 坎门渔港防波堤整体修复工程，是国内首例大型防波堤台风受损整体修复项目。防波堤修复工程的主要部件是扭王字预制块体，该块体积大，形体复杂，用量多。该项目涉及汛期防台风，任务重，工期紧。针对其施工难点，论述了其创新的施工工艺及流程，可为类似工程提供借鉴。

【关键词】 海岸防波堤 大型扭王字 预制块体 施工技术

1 工程概况

坎门渔港防波堤整体修复工程，是国内首例大型防波堤台风受损整体修复工程。坎门渔港位于浙江省玉环县坎门镇西南，防波堤工程位于南排山潮汐通道深泓北侧，水流湍急，涌浪大，海水浑浊，水深一般大于10m。

工程于2014年3月19日正式开工，合同要求台风损毁段抢修任务（西堤K0+480～0+692和K0+870～0+930段）须在2014年7月15日前完成至设计防汛要求。根据施工总进度计划，西堤K0+480～0+692和K0+870～0+930段扭王字块体要求在2014年6月30日前安放完成，扭王字块体预制生产需在5月31日前完成，需预制18t扭王字块体1552个，混凝土12152m³；24t扭王字块体919个，混凝土9585m³。

工程扭王字预制块体体积大，数量多，工期紧，施工准备时间短，施工强度高，任务非常重。因此，如何高质量快速预制出大批量的大体积扭王字预制块体，是本工程完成任务的关键，也是生产的难点。

2 扭王字块体预制

2.1 工艺比选

目前，传统的预制扭王字块体，普遍采用的施工工艺是：采用小型钢模板拼装，用吊机加吊罐吊运混凝土入仓，吊车配合汽车倒运预制块体等施工方法。该方法要求施工人员数量多，且拼装模板接缝部位易出现漏浆现象，预制生产的扭王字块体外观质量较差。采用吊机吊运混凝土或预制块体，施工效率低，工期时间长，吊

运及运输设备成本高。

采用传统工艺施工，无论工程质量、施工进度均难满足工程需要。因此，需探索出一套新的扭王字块体预制施工工艺。

为保证施工质量，按期完成施工任务，我们对传统的大体积扭王字块体的预制工艺进行创新改进，确定了大体积扭王字块体采用定型大钢模板制作，浇筑方式、钢模组装及拆卸方式均进行了优化的一整套工艺和流程。

2.2 施工工艺流程

扭王字块体的预制采用定制大型组合钢模板、叉车配料罐的混凝土入仓方式、插入式振捣器分层振捣方法。浇筑成型后，待混凝土达到设计拆模强度后拆除模板、喷涂养护剂并编号，然后再将块体用叉车转运到堆场继续养护。生产工艺流程是：模板清理整形→拼装后刷脱模剂→开仓前验收→混凝土浇筑→等强→拆模→现场养护→转运→堆放场养护至龄期。

2.3 主要施工方法

2.3.1 模板工程

（1）扭王字块体预制侧模采用定制大型组合钢模板，模板在加工场制作成型，然后倒运至预制场，模板各部位尺寸均应满足设计要求；底模采用在混凝土地坪上铺2cm厚的高强度聚乙烯泡沫板。

（2）钢模面板厚不小于5mm，钢板面应平整光滑，不允许变形有凹坑、褶皱等其他表面缺陷。

（3）因本工程位于沿海地带，为延长模板使用寿命，模板外表面均涂刷防锈漆。

（4）模板组装采用螺栓扣接，拼接前除去模板面上的灰浆、污垢、锈迹等，并均匀涂刷薄层脱模剂。

（5）模板安装应保证平整，外形尺寸满足规范和设计要求，连接处拼缝严密、平顺，不得漏浆，模板与混凝土的接触面应涂刷脱模剂，脱模剂不得污染构件混凝土接茬部位；预制件底部与地面接触部位设置高强度聚乙烯泡沫板，并涂刷脱模剂，扭王字模板涂刷脱模剂现场见图1。

图1　扭王字模板涂刷脱模剂现场

2.3.2　开仓前验收

混凝土浇筑前须通知项目部质检人员及监理人员进行开仓验收，验收合格后方能开仓浇筑，未经验收或验收不合格不得浇筑。

2.3.3　混凝土工程

扭王字块体混凝土强度等级均为C30。

（1）原材料质量控制。水泥、骨料、拌和用水等均应满足设计及相关规范要求，原材料进场后必须进行原材料检验，检测合格后才能使用；不合格原材料进行清退处理。

（2）混凝土拌和。

1）混凝土拌和严格按照试验部门签发并经审核的混凝土配料单进行配料。混凝土组成材料的配料量均以重量计，计量偏差控制在规范要求范围内。

2）混凝土拌和时间严格按规范要求进行操作，混凝土拌和时间不少于120s。

（3）混凝土运输及入仓。混凝土采用在6t叉车上装配料罐进行水平运输，人工操作料罐入仓。混凝土出拌和机后，应及时到达浇筑地点，运输中混凝土不应有分离、漏浆和严重泌水现象；图2为叉车配罐入仓浇筑混凝土现场。

（4）混凝土浇筑。混凝土分层卸料、人工平仓。浇筑分层厚度不得超过30cm，避免分层太厚振捣不到底、混凝土振捣不密实、产生气泡等。混凝土采用ZN50插入式振捣器振捣，振捣时保持对称下料，并对称振捣，以防模板移位或模板变形。

混凝土振捣以达到可能的最大密实度，每个振点的振捣时间以混凝土不再明显下沉、不出现气泡并开始泛浆为准，避免振捣过度。

图2　叉车配罐入仓浇筑混凝土现场

混凝土浇筑至顶面后，需进行表面压平收光，压面分两次进行，即浇筑完成平仓后进行初次压面，待初凝前再进行第二次压面。

2.3.4　拆模

（1）根据不同气温，确定拆模时间，夏季不得少于24h，冬季不得少于48h。

（2）模板拆除前，先拧松螺栓，采用专用工具拆模，避免损坏混凝土表观质量。

（3）拆模后及时对预制件进行统一编号，编号标明预制件的浇筑日期。

（4）为避免模板变形，模板拆除后采用叉车倒运至下一浇筑位置，严禁采用拖地硬拉方式就位。

2.3.5　现场养护

模板拆除后，及时对混凝土表面喷涂养护剂，并采用复合土工膜进行覆盖养护；或采用复合土工膜进行覆盖洒水养护方式，保持混凝土表面湿润，图3为扭王字预制块体养护现场。

图3　扭王字预制块体养护现场

2.3.6　倒运与堆存

扭王字块体在强度达到设计强度的70%时方可起吊。采用25t叉车倒运至堆放场地；重叠堆放的构件，标志应向外；不同型号、不同浇筑期的构件分类按浇筑的先后顺序进行堆放。

2.3.7 冬季混凝土施工措施

（1）根据气温情况，冬季应对骨料或拌和用水加热拌和，保证混凝土的浇筑温度在5℃以上。

（2）避开一天内低温时段施工，混凝土浇筑安排在早上10点至下午5点的时段内进行。

（3）混凝土浇筑完成后，采用覆盖保温被进行保温养护，并适当延长混凝土的养护时间，以防混凝土受寒流袭击而被冻伤。

（4）延长拆模时间，保证混凝土强度达到要求后方可拆模。

（5）在混凝土中掺加适当的防冻外加剂，以提高混凝土的抗冻能力。

2.3.8 雨季施工措施

雨季施工应做好下列工作：

（1）对混凝土拌和站砂石料仓采用防雨设施，做到排水畅通。

（2）运输工具做好防雨及防滑措施。

（3）浇筑仓面做好防雨措施并备有不透水覆盖材料，及时覆盖浇筑仓面。

（4）浇筑仓面设移动式防雨棚，对浇筑仓面进行保护。

（5）及时了解天气预报，合理安排施工时间。若预报有中雨及以上，则不安排混凝土浇筑。

3 扭王字块体预制施工工艺对比分析

3.1 施工工艺对比

（1）本工艺打破传统扭王字块体预制施工工艺技术，采用创新的施工工艺方法，将叉车应用于模板拼装、混凝土运输入仓、预制块体倒运等施工工序，取代以往吊机拼装模板、吊运混凝土入仓、吊装倒运预制块体等施工方法，充分发挥叉车的运转灵活、速度快、效率高等优点，取得了较好的施工成效，施工强度明显提高，满足了施工进度要求，社会效益和经济效益明显。

（2）采用大型组合钢模板拼装技术，取代以往散装模板拼装，不仅减少了立模人工数量，且避免了以往拼装模板接缝部位的漏浆现象，有利于控制预制块体外观质量，工程质量得到明显提高。

（3）因施工设备单一，占用施工场地小，工程机械设备及劳动力资源投入减少，加快了工程进度，降低了施工成本，给工程创造了良好的经济效益。

3.2 使用范围

本工艺前期资源投入较大，特别是异形模板，故适用于大体积、大批量扭王字块体预制生产。如工程量较小，成本高。

4 结语

扭王字块体预制采用创新的施工工艺方法，将叉车应用于模板拼装和混凝土运输入仓、预制块体倒运等施工工序中，取代传统吊机拼装模板、吊运混凝土入仓、汽车倒运预制块体等施工方法，充分发挥叉车运行灵活、覆盖范围大，造价低的优势。采用定型组合钢模板组装技术，取代以往散装模板拼装，工程质量得到明显提高，降低了施工成本，加快了工程进度，给工程创造了良好的经济效益，可为类似工程提供参考。

面板堆石坝趾板槽三面控制爆破技术的应用

龚妇容　吕　磊/中国水利水电第十一工程局有限公司

【摘　要】 趾板是混凝土面板堆石坝体的关键结构之一。坝体趾板布置在大坝防渗面板迎水面下部周围，一般坐落在河床及两岸基岩上，承接大坝面板的垂直压力和水平推力，使其成为一个完整的承载、封闭防渗体。趾板槽爆破开挖的质量好坏一直是趾板施工的重点和难点，保证趾板基础岩体的整体完整性和成型质量、控制爆破对基岩的破坏影响是趾板开挖的关键。河南南阳天池抽水蓄能电站上水库大坝趾板槽地质复查，坐落在强风化的基岩上，由于受F₂₅断层破碎带影响，施工成型较为困难，为减小爆破对趾板基础基岩的影响，采取三面控制爆破施工技术，取得了较好的成果。

【关键词】 面板堆石坝　地质复杂　趾板槽开挖　三面控制爆破　施工技术

1 工程概况

河南南阳天池抽水蓄能电站位于汉水一级支流白河支流黄鸭河上游主干段。该工程为一等大（1）型工程，枢纽由上水库、输水系统、地下厂房系统、下水库及地面开关站等建筑物组成。上水库大坝为钢筋混凝土面板堆石坝，上水库基岩主要为混合花岗岩类，沟底、两岸坡脚及缓坡地段分布第四系地层，两岸趾板基岩主要为花岗岩，岩石致密坚硬，上水库大坝趾板受河床部位F_{25}断层发育影响，两侧岩体结构面发育，岩体较破碎，蚀变较严重，这种特殊的地质情况，给趾板开挖爆破带来一定的难度。上水库混凝土面板堆石坝最大坝高118.40m，坝顶高程1068.4m，底部设计高程为950m。大坝趾板基础开挖分为三部分，分别为左岸岸坡趾板、库底水平趾板、右岸岸坡趾板。

2 施工技术要求

（1）趾板基础要求具备低压缩性，须按照施工图要求开挖至强风化岩石，较软弱的强风化表层必须清除；趾板下游开挖线以外的坝基按照施工图要求清除覆盖表层，并清除局部倒悬体。

（2）趾板边坡开挖过程中，在临近趾板建基面时，必须预留1.5～2.5m厚的保护层，临近趾板建基面的梯段爆破孔直径不得大于150mm，钻孔不得钻入趾板建基面以下，爆破时的最大单响药量控制在100kg以内。

（3）必须采取措施避免基础岩石面出现爆破裂隙，或使原有构造裂隙和岩体的自然状态不产生恶化。

（4）有结构要求的部位不允许欠挖，开挖面应严格控制平整度，水平建基面高程的开挖不允许欠挖，超挖应控制在20cm以内。

（5）趾板保护层开挖严格按照监理工程师批复的水平光面爆破法进行开挖，减小爆破对趾板建基面的振动影响。

3 施工方法

上水库大坝趾板最大开挖高度118.40m，山体陡峭，局部倒悬，需采用自上而下分层的开挖方式，岸坡趾板沿设计开挖边线分层预裂钻爆、楔形掏槽，水平趾板采用拉槽爆破和水平光爆相结合，钻孔时搭设样架确保钻孔角度，避免影响趾板槽的平整度，使开挖效果满足设计要求。在预裂和光面爆破时根据岩石情况遵守"多打孔，少放药，强支护，弱爆破"原则，在保证工程质量的前提下，控制施工成本。

4 施工工艺

根据设计边坡马道（或平台）的设置情况，石方趾板边坡开挖遵循"自上而下、由河床向山体侧、分区分梯段"的原则进行爆破开挖。边坡上部小方量开挖区及大型露天液压钻机无法到达的部位，采用YT-28型手风钻钻孔、浅孔梯段爆破法开挖；在下部具备大型设备施工作业区，采用液压钻机钻孔、深孔梯段爆破法开挖。边坡控制以深孔预裂爆破为主，由潜孔钻机钻孔；

对主爆区用手风钻造孔，采用浅孔梯段爆破时，则利用光面爆破技术进行边坡控制。马道开挖采用预留保护层，马道保护层采用手风钻水平钻孔、光面爆破法开挖，以保证马道开挖成型良好。

4.1 施工流程

施工流程见图 1。

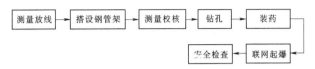

图 1　施工流程图

4.2 工艺要求

（1）测量放样：利用业主提供的水准点，在施工现场设置测量控制网，采用全站仪、水准仪进行施工测量放样，放样误差控制在±5cm 以内。同时利用红油漆将开挖边线的特征点，如起点、终点、拐点、变坡点等的高程、桩号在现场标识清楚，并向现场施工人员进行交底。

（2）搭设钢管架：为保证钻孔精度，在利用潜孔钻进行深孔、预裂孔钻孔时，应按设计开挖坡比，利用架子管搭设钻孔钢管样架，以确保钻孔精度。

（3）测量校核：钻机在钢管架操作平台上就位后，测量校核钻机的方向、倾角，并对钢管样架进行局部微调，合格后才能实施钻孔作业。

（4）钻孔：钻孔应严格按爆破设计方案进行，各钻孔尽可能保持平直，均匀布置，钻孔深度保证与每层孔底高程基本一致，使爆破后的岩面平整，满足建基面开挖要求。

对于光爆或预裂孔更应严格控制，做到"准、齐、平、直"，确保开挖面平顺，减少超欠挖。光爆或预裂孔采用 YT-28 型手风钻、QZJ-100B 型潜孔钻机进行造孔，开钻前先按照设计图纸进行现场放线，标出边坡开挖线，确定开挖范围轮廓和钻孔深度、角度，后根据放样的孔位进行钻孔作业。

（5）装药：根据爆破方案规划，本工程石方边坡开挖选用的炸药类型为岩石乳化炸药，类型有散装乳化炸药、ϕ70mm、ϕ32mm 药卷等。现场装药时，采用人工装药，选用竹质或木质炮棍，严格按照爆破设计的参数分层填装，适时装填起爆药包，并严格控制装药量和堵塞长度等参数。现场地质条件变化较大，需调整装药量、堵塞长度等爆破参数时，必须征得爆破工程技术人员的同意。装药过程中，应严防石块、碎渣等杂物滑入孔内，并加强对雷管脚线的保护，与爆破施工无关人员、施工设备均需撤离至施工区以外的安全地带，并安排 3~4 人进行爆破警戒。

（6）联网起爆：装药结束，由爆破员根据爆破设计进行爆破网络的连接，采用分段毫秒微差爆破技术，以提高爆破效果，至少检查两遍并确认网络无误后，按对外公布的爆破安全警戒约定，准确、清晰地发出"预告—起爆—解除警报"信号，确保安全无误后，由爆破总指挥下达起爆指令，实施爆破作业。

（7）安全检查：每次爆破 5min 后（如不能确定是否有盲炮，则应等待 15min），首先由爆破员及安全人员进入爆破区进行安全检查，确认无盲炮后，方能发出解除警戒信号和允许其他施工人员进入爆破现场。主要检查爆堆是否稳定，有无危坡、危石、有无盲炮等，对于发现的安全隐患应及时排除。

5 爆破安全防护及振动监测

（1）工程开挖爆破前进行现场爆破试验，并根据安全监测反馈的信息，不断优化爆破设计参数，控制好爆破单响药量和振动速度，以确保围岩稳定和减少对建基面的破坏影响。

（2）针对周边已有建筑物质点振动速度控制指标的要求，组织测量人员测绘出各爆破点与各控制点的关系分布图，作为开挖爆破设计、施工的原始依据。

（3）所有爆破设计均按振动控制指标为控制依据进行设计，并针对不同的振动控制指标要求、附近已有建筑远近及特点，对各施工区分类进行爆破试验和振动质点监测控制，通过试验优化调整爆破设计，以满足爆破振动安全控制指标的要求。

（4）爆破振动监测措施。对爆破振动控制区，根据要求布置爆破质点振动监测仪器，及时反馈爆破振动指标，用数据指标进行控制，做到有效控制振动指标。

在进行每次爆破设计时，利用萨道夫斯基公式对爆破质点振动速度进行预测，确保预测值小于专家评估组确定的安全允许标准值，其公式为

$$V = K(Q^{1/3}/R)\alpha$$

式中　V——爆破质点振动速度，cm/s；
　　　Q——最大单响药量，kg；
　　　R——爆心距，即爆源距被保护对象之间的距离，m；
　　　K、α——与爆破点至爆破保护对象之间地形、地质条件有关的系数和衰减系数。

（5）爆破孔深指标控制。

1）所有爆破均控制段装药量，对振动控制指标要求较高的，在现场试验测定后，结合前期公路爆破开挖参数，根据控制要求优先调整装药指标，调整台阶高度。

2）装药量控制：按质点振动速度及距灌浆、喷混凝土的距离情况结合分台高度对装药量指标进行相应调整。

3）优化开挖程序：根据各部位实际情况及开挖要求，科学合理划分分层、分布开挖顺序。

4）优化布孔设计：根据各部位的岩石类别，进行布孔优化设计。

5）优化起爆参数：优化炸药选用，优化起爆网络设计，采用微差接力起爆，减少单响药量。

（6）爆破飞石控制。

1）造孔时，进一步结合现场实际情况对爆破参数进行优化调整，尽可能避免将炮孔布置在软弱夹层、断层、裂隙、溶洞、孔洞等软弱地带及其附近，以防改变最小抵抗线的大小和方向，进而引起意外飞石。

2）现场装药时，结合现场实际情况对装药结构进行相应调整，进一步优化爆破参数，如炮孔无法避免地布置在软弱结构面或其附近时，应采用间隔不耦合装药结构或分层装药、分层堵塞等爆破技术。

3）加强堵塞质量控制，炮孔堵塞时应分段填塞、分段捣实，确保连续、密实，同时应避免堵塞物中夹杂碎石。对于无水的炮孔，可选用黏土、细砂、岩粉等作为堵塞物，而对于有水的炮孔，应选择粗砂等作为堵塞物，以提高堵塞质量。

4）增加防护措施，实施浅孔爆破时，在炮孔孔口或薄弱地带采用具有一定强度、重量及富有弹性的物质

进行覆盖，如土袋、草袋、废旧轮胎、厚尼龙塑料布等，对于爆破能量较大的区域，还应用废旧钢丝网锚定。

5）计算飞石距离，加大爆破警戒范围，确保爆破安全。根据 Lundborg 统计规律，结合工程实践经验，用下式（Lundborg 统计规律公式）核算飞石距离：

$$R_f = K_T q D$$

式中　K_T——安全系数，$K_T = 1.0 \sim 1.5$；

　　　q——炸药单耗，kg/m³；

　　　D——药孔直径，mm。

（7）爆破次数及时段安排。石方明挖每天爆破次数及时段的安排，应综合考虑当地居民的生活习惯、本工程相邻标段各施工单位的交接班时间等因素。

6　结语

面板堆石坝趾板槽采用三面控制爆破施工技术，较好地解决了高坝趾板槽是强风化基岩、地质较复查、形体质量较难保证的难题。成型后的趾板槽爆破面平整，炸药单耗控制良好，质量满足规范和技术要求，可为类似工程的施工提供借鉴。

特细砂与机制砂复掺配置混凝土技术研究与应用

汤国辉　马辉文　高宏志/中国水电基础局有限公司

【摘　要】本文针对湖北省碾盘山水利水电枢纽工程建筑用砂特点，根据特细砂与机制砂的特性，采用特细砂与机制砂复掺成为级配良好的中砂配置流态混凝土，研究最优复掺比例理论计算及试验验证，克服了单一使用特细砂或机制砂配置混凝土工作性能差、耐久性降低等缺点。在实际工程应用中取得了较好的经济效益和社会效益，为推广机制砂及混合砂的应用提供参考。

【关键词】特细砂　机制砂　最优掺比　混凝土性能

1　工程概况

碾盘山水利水电枢纽是国家确定的172项节水供水重大水利工程之一，也是湖北省汉江五级枢纽项目的重要组成部分，枢纽位于汉江中下游钟祥市境内。工程由左岸土石坝、泄水闸、发电厂房、连接重力坝、鱼道、右岸船闸和右岸连接重力坝等组成，左岸布置有副坝、供水取水口等建筑物。碾盘山导流明渠及围堰项目施工内容包括：导流明渠开挖及防护；副坝、上下游横向围堰、纵向围堰及连接土坝填筑、防护及5道防渗墙；船闸预开挖及支护；一二期截流工程及供水取水口工程等，其中各类混凝土工程量为：塑性混凝土约6.7万m³，普通混凝土约4.0万m³。

本工程混凝土工程量较大，尤其是塑性混凝土水下流动性大的混凝土工程量大，要求混凝土拌和物坍落度大、和易性好、工作性能好。而根据工程所在地砂资源考察及分析，天然砂运输成本高、产量低、供应不能保证，而机制砂及特细砂、细砂资源丰富且成本低廉，可以通过提高砂率、掺粉煤灰等掺和料（针对机制砂）和降低砂率、增大用水量及水灰量（针对特细砂、细砂）等技术手段调配出性能合格的混凝土用在本工程上。郑州某调蓄工程81.93万m³的塑性混凝土防渗墙就使用了

当地的天然特细砂，其细度模数为0.7，通过室内混凝土配合比试验和施工混凝土取样成型试件试验，其试验结果均满足设计要求的墙体材料的物理力学性能指标。但由于机制砂和特细砂的特性，目前普遍认为特细砂用在混凝土中易开裂、收缩大；机制砂颜色泛灰黑，看起来石粉泥粉多，很多单位不敢或不允许使用、颗粒尖锐多棱角导致单一机制砂混凝土流动度低等各种原因，本工程不允许单一采用机制砂或特细砂配置混凝土。

2　混凝土原材料

本工程项目位于湖北省钟祥市，混凝土原材料考虑地域因素选择如下：

水泥：采用葛洲坝钟祥水泥有限公司生产的三峡牌P·O42.5级普硅水泥。

膨润土：采用河北天元浩业有限公司生产的钙质膨润土。

外加剂：选用天津市金亿日盛建筑材料有限公司生产的JYRS-1高效减水剂（缓凝型），掺量为胶凝材料的1.2%，减水率28%。

粗骨料：采用湖北省钟祥市诚义达骨料厂生产的5～20mm卵石。

细骨料：采用湖北省钟祥市诚义达骨料厂生产的机制砂及天然细砂，其物理力学指标检测结果见表1。

表1　　　　　　　　　　　　细骨料检测结果表

砂类	表观密度/(kg/m³)	堆积密度/(kg/m³)	泥块含量/%	吸水率	云母量/%	石粉/含泥量/%	亚甲蓝MB值	坚固性/%	细度模数
机制砂	2750	1510	0	0.90	0.00	8.60	1.10	6	3.20
天然砂	2630	1490	0	1.20	0.40	1.60	—	4	1.46

采用的机制砂及天然细砂细骨料筛分颗粒级配见表2。

表 2　　　　　细骨料颗粒级配检测结果表

砂类	筛孔尺寸/mm	4.75	2.36	1.18	0.60	0.30	0.15	筛底
机制砂 累计筛余/%		7.80	32.60	55.00	70.40	82.30	93.80	100.00
天然砂 累计筛余/%		2.20	5.40	9.40	13.00	37.80	88.00	99.90

3　特细砂与机制砂复掺研究

3.1　特细砂与机制砂特性

机制砂是指经除土处理,由机械破碎、筛分制成的,粒径小于4.75mm的岩石、矿山尾矿或工业废渣颗粒,但不包括软质、风化的颗粒,俗称人工砂。由天然砂与人工砂按一定比例组合而成的砂称为混合砂。从机制砂颗粒组成分析,机制砂通常是两头多中间少的不良级配,且机制砂由于生产工艺导致颗粒尖锐、多棱角、表面粗糙、细度模数大、孔隙率高,单一使用机制砂作为细集料用于混凝土中,混凝土坍落度小且损失较大、和易性较差、易离析泌水,往往要靠增加水泥用量来改善工作性能。混凝土硬化后结构内部形成较为微小泌水通道,使混凝土强度、耐久性降低,而且早期收缩增大,混凝土硬化后其表面水波纹严重,影响混凝土结构物外观质量。机制砂在生产中不可避免地产生大量石粉(通常在15%以上),而GB/T 14684—2011《建设用砂》及JGJ 52—2006《普通混凝土用砂、石质量及检验方法标准》对石粉的最大含量限制为10%,为达到标准要求,对机制砂必须进行除粉作业(干法和湿法),洗砂机洗去石粉的同时不可避免地洗去了机制砂中的部分(0.3~0.15mm区间)小颗粒,进一步恶化机制砂的颗粒分布。

特细砂作为混凝土的细骨料,根据BJG 19—65《特细砂混凝土配制及应用规程》规定:特细砂宜配置低流动性混凝土,其坍落度不大于3cm。特细砂级配较差,空隙率大(比一般中粗砂大10%~15%),比表面积大(比一般中粗砂约大2倍),并且含泥量大。为满足设计要求,混凝土配合比设计时,一般都以增加水泥用量解决,这将加大混凝土的水化热及收缩,对混凝土防裂不利。特细砂混凝土拌和物,黏滞度比中粗砂大得多,泌水率大,工作性能较差,为满足工作性能,需增大用水量,这又将导致混凝土硬化后结构物内部形成泌水通道,降低混凝土耐久性。

3.2　技术路线和方法

3.2.1　技术路线

根据特细砂和机制砂特性及上述表2级配检测结果

可以看出,工地现场机制砂细度模数大,属粗砂,天然砂细度模数小,属特细砂。机制砂通过0.3mm筛孔的砂较少,而特细砂、细砂部分颗粒含量较多,将特细砂与机制砂按一定比例掺配可填补0.3mm以下的累计筛余,使细骨料具有良好的级配,同时,特细砂减小了机制砂之间的内摩擦力,从而获得了良好的工作性能。因此,将机制砂和特细砂配制成级配良好的混合中砂,利用机制砂、特细砂各自的特点,配制流态混凝土。

3.2.2　最优掺比理论计算方法

目前国内外针对天然砂(细砂、特细砂)与机制砂的比例问题,大部分均是按若干组不同比例混合后,分别进行新拌砂浆、混凝土的工作性能与力学性能试验,并与天然中砂混凝土、砂浆对比,最终比选混合砂合适的比例,这样的方法较严谨但时间较长、工作量大、资源消耗大。本研究从细骨料级配分析结合理论公式计算最优复掺比例,并通过混合砂级配试验检测及实际工程应用来验证方法的合理性。

通过规范要求的细度模数范围和假定充填原则两种理论计算方法确定混合砂最佳复掺比例:

(1)混合砂中特细砂与机制砂的比例确定,混合砂细度模数计算参考重庆市地方标准DB50/5030-2004《混合砂混凝土应用技术规程》的简易公式计算:

$$\mu_{f(混)} = \mu_{f(机)} \times \alpha_{(机)} + \mu_{f(特)} \times \alpha_{(特)} \quad (1)$$

式中　$\mu_{f(混)}$、$\mu_{f(机)}$、$\mu_{f(特)}$——混合砂、机制砂、特细砂细度模数;

　　　　$\alpha_{(机)}$、$\alpha_{(特)}$——混合砂中机制砂、特细砂的百分比,%,$\alpha_{(机)}+\alpha_{(特)}=1$。

在实际工程应用中,可以根据需要的细度模数、特细砂及机制砂的实际细度模数,通过简易公式反向计算,得出特细砂与机制砂的掺配比例。

(2)按假定充填原则确定。根据混凝土结构特征,将颗粒较大的机制砂看作混凝土中的碎石,将特细砂看作混凝土细集料,假定充填原则:利用机制砂本身具有空隙率这一物理量,假定特细砂充填机制砂空隙并有一定富余量,能在机制砂间形成一定厚度的特细砂浆层,起到润滑作用减小机制砂间的内摩擦力,使砂浆流动性增加,从而改善混凝土流动性。

根据上述假设有下列公式:

$$V_x = \beta V_j P_j \quad (2)$$

$$P_j = [1 - (\rho'_{0j}/\rho_{0j})] \times 100\% \quad (3)$$

将式(3)代入式(2)得

$$\frac{V_x}{V_j} = \beta \left(1 - \frac{\rho'_{0j}}{\rho_{0j}}\right) \quad (4)$$

$$V_x = \frac{m_x}{\rho'_{0x}} \quad (5)$$

$$V_j = \frac{m_j}{\rho'_{0j}} \quad (6)$$

将式（5）、式（6）代入式（4）得

$$\frac{m_x}{m_j}=\beta\times\left(\frac{\rho'_{0x}}{\rho'_{0j}}-\frac{\rho'_{0x}}{\rho_{0j}}\right) \quad (7)$$

式中　V_x、V_j——每立方米混凝土中特细砂、机制砂的堆积体积，m^3；

　　　　ρ'_{0x}、ρ'_{0j}——特细砂、机制砂的堆积密度，kg/m^3；

　　　　ρ_{0j}——机制砂的表观密度，kg/m^3；

　　　　m_x、m_j——每立方米混凝土中特细砂、机制砂的质量，kg；

　　　　P_j——机制砂空隙率，%；

　　　　β——特细砂的富余系数，取 $1.1\sim1.4$。

（3）混合砂最优复掺比例按上述两种理论计算方法分别计算校正，并经试验室对复掺的混合砂进行筛分试验验证。

4　工程应用

4.1　最优掺比计算分析

（1）根据《水工混凝土施工规范》（SL 677—2014）及《水利水电工程混凝土防渗墙施工技术规范》（SL 174—2014）等标准，人工砂细度模数为 $2.4\sim2.8$，本工程拟取混合砂的细度模数为 2.6。参考重庆市地方标准《混合砂混凝土应用技术规程》（DB50/5030—2004）的简易公式计算混合砂细度模数。

根据上述表 1 中的特细砂和机制砂细度模数及式（1），经反算得 $\alpha_特=34\%$，$\alpha_机=66\%$，考虑特细砂、机制砂按常规比例，取特细砂复掺比为 33.3%。将特细砂、机制砂细度模数及特细砂复掺比例代入上述公式，得

$\mu_{f混}=3.20\times66.7\%+1.46\times33.3\%=2.62$，符合规范要求。则特细砂：机制砂=1:2。

（2）根据前述假定充填原则所立式（7）及表 1 检测结果，即可算出掺配比例：$\frac{m_x}{m_j}=1.1\times0.45=0.5$，即特细砂：机制砂=1:2。

综上两种最佳复掺比例理论计算方法，均可计算出特细砂与机制砂的掺配比例。按最优复掺比例计算的混合砂细度模数符合规范要求，需要说明的是按假定充填原则理论计算时需考虑特细砂的富余量，此富余系数根据本工程各批次特细砂、机制砂的实际堆积密度、表观密度检测结果统计分析取得的估算值。实际施工时，混合砂最优复掺比例应按上述两种理论计算方法分别计算校正，并经试验室对复掺的混合砂进行筛分试验验证。

（3）试验室对复掺的混合砂进行了筛分试验，颗粒级配检测结果见表 3。

表 3　细骨料（混合砂）颗粒级配检测结果表

筛孔尺寸/mm	4.75	2.36	1.18	0.60	0.30	0.15	筛底	细度模数
累计筛余/%	6.10	22.00	42.80	51.30	65.40	94.90	100.00	2.62

根据试验室检测特细砂、机制砂及混合砂的筛分级配情况及 GB/T 14684 中级配区划分，做出各类砂的颗粒级配曲线，如图 1 所示。

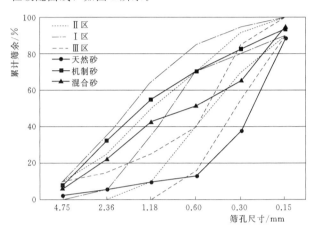

图 1　细骨料级配曲线图

从图 1 中可以看出，机制砂级配曲线位于Ⅰ区粗砂范围，天然砂级配曲线远超出Ⅲ区细砂范围下限，属于特细砂，混合砂级配曲线超出Ⅱ区的部分与Ⅱ区很接近（0.3mm 累计筛余 65.4%，超过Ⅱ区下限 70% 为 4.6%）；根据 GB/T 14684 及 JGJ 52—2006 规定：砂的实际颗粒级配除了 4.75mm 和 0.60mm 的累计筛余外，可以略有超出分界线，但总超出量不应大于 5%；且复掺后的混合砂通过 0.30mm 筛孔的砂为 34.6%，JGJ/T 10—2011《混凝土泵送技术规程》中要求：泵送混凝土细骨料宜采用中砂，其通过 0.30mm 筛孔的颗粒不应少于 15%。另外根据表 3 混合砂细度模数 2.62，与前述理论计算值一致。

因此，将机制砂与特细砂按一定比例掺配，可以有效调整机制砂的颗粒级配，补充一定量颗粒大小在 0.30mm 以下的颗粒，克服单一使用机制砂配置混凝土工作性能差的缺点。通过理论计算并经试验验证的特细砂复掺机制砂配置的混合砂符合中砂标准、级配优良，可作为大流动度、泵送及水下混凝土配置的细骨料。

4.2　配合比设计

以本工程防渗墙塑性混凝土配合比为例，防渗墙塑性混凝土采用一级配，为水下大流动性混凝土；塑性混凝土设计要求见表 4。

本工程混凝土依据 SL 352—2006《水工混凝土试验规程》以及 SL 174—2014《水利水电工程混凝土防渗墙施工技术规范》进行混凝土配合比设计，见表 5。

表 4　　　　　塑性混凝土设计要求

工程部位	抗压强度/MPa	弹性模量/MPa	渗透系数/(cm/s)	坍落度/mm	扩散度/mm	坍落度损失
围堰	2.5≤R28≤5	600≤R28≤3500	≤1×10⁻⁷	180～220	340～400	保持在150mm以上，时间不小于1h
副坝	≥5	≥600～1000				

表 5　　　　　塑性混凝土配合比设计

工程部位	水胶比	砂率/%	外加剂掺量/%	每立方米混凝土材料用量/kg					
				水	水泥	膨润土	混合砂	小石	减水剂
围堰	0.951	50	1.2	255	180	88	848	848	3.22
副坝	0.78	50	1.2	250	240	80	833	833	3.84

根据塑性混凝土配合比进行现场新拌混凝土工作性能试验，其和易性指标见表 6。

表 6　　　　坍落度损失及和易性试验结果

工程部位	时间/min	0	30	60	和易性	离析泌水
围堰	坍落度/mm	197	183	164	好	无
	扩散度/mm	351	332	313		
副坝	坍落度/mm	208	194	175	好	无
	扩散度/mm	365	340	321		

根据表 6 可知，混合砂配置的新拌塑性混凝土坍落度、扩散度及坍落度损失均满足设计及规范要求，和易性好、无离析泌水，证明混合砂配置的大流动性混凝土工作性能可满足现场施工要求。另外，各标号普通混凝土的混合砂复掺与配合比过程同前，此处不再赘述。

施工过程中，试验室及时根据进场天然砂及机制砂进行细度模数及原材料指标检测，调整复掺比例并筛分验证后调整施工配合比，保证混合砂配置的混凝土和易性良好，满足现场施工要求。所留置的试块无论是标准养护还是同条件养护，28d 强度均满足设计强度要求，防渗墙检查孔渗透系数等符合设计要求。

5　结语

特细砂与机制砂的掺配技术研究，有效地解决了天然砂的不足和机制砂的级配不良问题，并降低了原材料成本。特细砂与机制砂的掺配通过细骨料级配分析结合理论公式计算最优复掺比例，结合混凝土试验及实际工程应用，可供类似工程参考。随着天然砂短缺的形势日益严峻，开展机制砂在混凝土中的研究应用势在必行。机制砂代替天然河砂不仅具有一定的经济性和适应性，还具有一定的环境效益和社会效益。

本栏目审稿人：张志良

丙烯酸盐在两河口水电站砂板岩微细裂隙帷幕灌浆中的应用

陈伏牛　杨晓鹏　韩建东/中国水利水电建设工程咨询西北有限公司

【摘　要】　两河口水电站大坝为砾石土直心墙堆石坝，最大坝高295m。坝基岩性以砂板岩为主，大坝底层灌浆平洞帷幕水泥灌浆检查合格后仍有微渗水现象。鉴于大坝底层灌浆帷幕在长期承受300m以上超高水平下运行，且蓄水后渗水处理难度大，为进一步确保两河口水电站的防渗效果，确保蓄水和大坝长期可靠安全运行，水泥灌浆后使用丙烯酸盐材料对微细渗水裂隙进行化学灌浆。丙烯酸盐材料无毒环保、渗透性好、防渗效果明显，在两河口水电站砂板岩微细渗水裂隙防渗帷幕灌浆中显示出良好的适应性。

【关键词】　防渗帷幕　水泥灌浆　微细渗水裂隙　丙烯酸盐　灌浆

1　工程概况

两河口水电站坝址位于雅砻江干流与支流鲜水河的汇合口下游约2km河段，坝址控制流域面积6.57万km^2，多年平均流量666m^3/s。两河口水电站水库为雅砻江中、下游"龙头"水库，正常蓄水位2865.00m，总库容107.67亿m^3。电站装机容量3000MW，多年平均年发电量110亿kW·h。砾石土直心墙堆石坝最大坝高295m，坝顶高程2875.00m，河床部位心墙底开挖高程2580.00m。大坝帷幕通过沿心墙基础面布设的河床基础灌浆廊道，以及左、右两岸分层设置的灌浆平洞和两岸盖板基础进行。左、右两岸分别在高程2575.50m、2640.00m、2700.00m、2760.00m、2820.00m、2875.00m处设置六层帷幕灌浆平洞，各层平洞轴线位于同一竖直断面内。河床灌浆廊道和左、右两岸灌浆平洞基础布置两排帷幕，相邻两层灌浆平洞基础帷幕通过下层平洞上游的搭接帷幕连接。

地层岩性：左岸边坡出露地层岩性为三叠系上统两河口组中、下段（T_3lh^1、T_3lh^2）砂板岩，堆石坝心墙部位主要为$T_3lh^{2(2)-①}$层变质粉砂岩；右坝肩边坡主要由三叠系上统两河口组下段（T_3lh^1）及中段（T_3lh^2）地层组成，岩性以砂板岩为主。岩层产状为N60°～

75°W/SW∠60°～75°，与河流近垂直相交。

物理地质作用：坝址工程枢纽区岩体主要为砂板岩，岩石抗风化能力较强，风化作用主要沿断层、错动带和裂隙等弱面进行，以裂隙式风化和夹层状风化为主要特点；坝址区岩体卸荷主要沿已有构造结构面进行。

2　大坝底层左岸灌浆平洞帷幕9单元水泥灌浆施工情况

该单元水泥灌浆32个孔，完成基岩灌浆2224.62m，总注灰量44362.44kg，平均单位注入量19.94kg/m（Ⅰ序孔49.11kg/m，Ⅱ序孔10.73kg/m，Ⅲ序孔6.50kg/m），灌前平均透水率0.57Lu（Ⅰ序孔1.50Lu，Ⅱ序孔0.23Lu，Ⅲ序孔0.16Lu）。钻进中共有31段遇地下涌水，占总灌浆段数（463段）的6.7%，最大涌水量42L/min。灌后3个检查孔共完成单点法压水试验45段，最大透水率0.04Lu。32个灌浆孔中有15个孔有渗水现象，灌后质量检查满足透水率$q \leq 1$Lu合格标准，但检查孔仍有渗水，全孔最大渗水量1～2L/min，渗水压力0.1～0.2MPa，渗水温度15～18℃。分析地质条件，平均单耗较低，说明砂板岩地层可灌性较差；地层中局部存在微细渗水裂隙，水泥浆液颗粒难以灌入。

3 大坝底层左岸灌浆平洞帷幕9单元丙烯酸盐灌浆

3.1 丙烯酸盐灌浆背景

大坝底层灌浆平洞帷幕水泥灌浆前涌水现象较普遍，灌后虽检查合格但全孔仍有1～2L/min微渗水，当前相邻坝基渗压计监测水位2616.09m，水头35.99m，结合地质条件、水质检测等资料分析为裂隙承压水。考虑两河口水电站地质条件复杂、大坝底层灌浆帷幕长期承受300m以上超高水头运行（国内外尚无可供借鉴参考的成功经验）及大坝基础渗水量和基础廊道抽排能力（35L/s）的设计要求，加之蓄水后渗水处理难度大、成本高，为进一步确保两河口工程防渗效果，以及蓄水和大坝长期可靠安全运行，经对比分析水玻璃、聚氨酯、环氧树脂、硅溶胶等其他化学灌浆材料，丙烯酸盐具有黏度低、凝胶时间可控、抗渗性能好、无毒环保，且有成熟的工程经验，决定采用丙烯酸盐材料对微细渗水裂隙进行化学灌浆施工。

3.2 丙烯酸盐灌浆原材料试验检测

施工采用无锡宾王化工厂生产的丙烯酸盐灌浆材料为双组分材料。委托国内具有检测资质的机构对其进行检测，检测配比为A组分：B组分＝1：1（质量比），

A液为主剂、拮抗剂、促进剂，B液为引发剂、调节剂，再加入1‰缓凝剂（根据现场温度及浆液胶凝时间确定缓凝剂掺量）。浆液性能检测结果符合《丙烯酸盐灌浆材料》（JC/T 2037—2010）技术要求，检测结果见表1。

表1　丙烯酸盐浆液性能检测结果

序号	项目		性能指标	检测结果
1	溶液	密度/(g/cm³)	1.08±0.05	1.10
2		黏度/(mPa·s)	<10	4.9
3		pH值	7～8	7.7
4	胶凝体	凝胶时间/s	在几秒至几十分钟可控	1980
5		渗透系数/(cm/s)	<10⁻⁷	1.7×10⁻⁸
6		固砂体抗压强度/kPa	>400	405
7		抗挤出破坏比	>600	700
8		遇水膨胀比率/%	>50	125

注　检测依据《丙烯酸盐灌浆材料》（JC/T 2037—2010）技术要求进行评定，各项检测均满足规范要求。

3.3 丙烯酸盐灌浆施工技术要求

丙烯酸盐灌浆分三个试验区，试验一区孔距2m、试验二区孔距3m、试验三区孔距4m，一区、二区为单排孔，三区为两排孔，共布置10个孔（图1）。

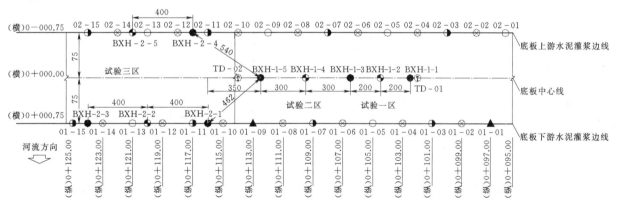

图1　丙烯酸盐灌浆孔位布置图（单位：cm）

先施工下游排后施工上游排，排内分两序，先Ⅰ序后Ⅱ序，Ⅱ序孔与Ⅰ序孔在岩石中钻灌高差不小于15m。地质钻机配金刚石钻头清水回转钻进，孔口高程2575m，入岩孔深71.85m，混凝土0.50m，孔向铅直，孔径56mm，孔底偏距要求同帷幕水泥灌浆孔。第1段钻灌完成后镶铸孔口管，便于灌后用水泥浆液进行全孔灌浆封孔。灌浆段钻孔冲洗后孔内残存物厚度不超过20cm，裂隙冲洗可结合简易压水进行，压水压力第1段0.6MPa，第2段及以下段均为1.0MPa。简易压水后宜采用压缩风（深孔段也可采用浆液置换方法）将孔内积

水冲洗干净，然后进行灌浆，射浆管距孔底不大于0.3m，各孔段灌浆前后均对渗水量、温度、压力测记。丙烯酸盐灌浆分段及灌浆压力参数见表2。

计量器具精度经校验合格后使用，缓凝剂使用精度0.01g的电子秤称量，缓凝剂溶液添加用200mL量筒进行量取。采用单液泵，A液和B液混合后再开始灌浆。接触段阻塞在接合面以上20cm处，其他均阻塞在灌段以上50cm处，开泵用浆液置换孔内积水（压入浆量应小于理论孔占量，避免浆液返出后胶凝堵塞管路）后进行灌浆。

表2　丙烯酸盐灌浆分段及灌浆压力参数表

段次	入岩段长 /m	灌浆压力 /MPa	备　　注
1	5 (0～5)	0.8	
2	5 (5～10)	1.5	
3	5 (10～15)	2.0	1. 各灌浆孔均采用自上而下、分段阻塞、纯压式灌浆法进行灌浆;
4	5 (15～20)	2.5	
5	5 (20～25)	3.0	
6	5 (25～30)	3.5	
7	5 (30～35)	4.0	2. 特殊异常孔段根据实际施工情况可适当调整灌浆压力
8	10 (35～45)	4.0	
9	10 (45～55)	4.0	
10	10 (55～65)	4.0	
11	10 (65～71.85)	4.0	

灌浆浆液配置遵循"少量、多次"原则,每次配浆均取样观察胶凝时间,每5min对吸浆量及浆液温度进行实测记录。每次配浆在胶凝前用完,指导后续配浆和起塞时间。化学灌浆遵循"长时间、慢速率"满足质量要求的原则,控制好灌浆注入率与压力的关系。灌浆达到设计压力,注入率不大于0.02L/(min·m)持续灌至最后一次配浆胶凝前结束,并以不堵管为原则。灌浆施工应连续进行,直至灌浆结束。丙烯酸盐灌浆完成后,扫孔冲洗干净采用0.5:1的水泥浆液全孔灌浆封孔,封孔压力4.5MPa。

灌浆过程中发生串冒漏浆,根据情况采用嵌缝、表面封堵或用速凝浆进行灌注,若效果不明显,应停止灌浆,待浆液胶凝后扫孔复灌。灌浆若因故中断,在浆液胶凝前恢复灌浆,否则应进行冲孔或扫孔后恢复灌浆。孔口有涌水的灌浆孔段,灌前测记涌水量、压力和水温,根据涌水情况,可采用综合处理措施,提高灌浆压力,缩短浆液胶凝时间,缩短灌浆段长,增加屏闭浆时

间,化灌浆液和水泥浆液交替灌浆等。

丙烯酸盐灌浆施工完成7d后进行质量检查,检查采用单点法压水试验、灌浆前后渗水量对比、全景图像检测等方法,并结合灌浆资料综合进行评定。检查孔孔径76mm,按2m、3m、5m、5m、……分段,自上而下分段进行,压水压力第1段0.8MPa,第2段1.6MPa,第3段及以下均为2.0MPa。压水检查质量合格标准:各段透水率$q<1Lu$。并对检查孔渗水量进行测量和统计,通过灌浆前后渗水量对比,分析丙烯酸盐灌浆效果。质量检查完成后,采用0.5:1水泥浆液全孔灌浆封孔法封孔。

4　丙烯酸盐灌浆成果统计及分析

4.1　灌浆完成情况统计

丙烯酸盐灌浆检测最大孔底偏距1.27m,孔底偏距均满足规范要求,施工过程中未观测到抬动变形。灌浆718.60m,灌注丙烯酸盐浆材485.37kg,管孔占浆2039.79kg,废弃212.98kg,平均单位注入量0.68kg/m;完成情况统计见表3。

表3　丙烯酸盐灌浆完成情况统计表

试验区	孔数 /孔	灌浆 /m	灌注 /kg	孔占 /kg	废弃 /kg	单耗 /(kg/m)
一区	3	215.65	90.77	611.61	62.41	0.42
二区	2	143.70	126.63	407.73	46.39	0.88
三区	5	359.25	267.97	1020.45	104.18	0.75
合计	10	718.60	485.37	2039.79	212.98	0.68

4.2　单位注入量统计及分析

丙烯酸盐灌浆单位注入量频率统计见表4。

表4　丙烯酸盐灌浆单位注入量频率统计表

试验区	段数 /段	单位注入率频率/(段数/频率%)					平均单位注入量 /(kg/m)	单段最大注入量 /(kg/m)
		<1	1～5	5～10	10～20	>20		
一区	33	31/93.9	2/6.1	0/0.0	0/0.0	0/0.0	0.42	4.19
二区	22	18/81.9	3/13.6	0/0.0	1/4.5	0/0.0	0.88	10.44
三区	55	51/92.8	2/3.6	1/1.8	1/1.8	0/0.0	0.75	11.90
合计	110	100/90.9	7/9.4	1/0.9	2/1.8	0/0.0	0.68	11.90

丙烯酸盐灌浆在水泥灌浆检查合格后进行,注入量较小,90.9%孔段单位注入量小于1kg/m,单段最大注入量11.90kg/m,分析微细渗水裂隙丙烯酸盐仍有可灌性。

4.3　灌后检查结果统计及分析

丙烯酸盐灌前压水110段,压水最大透水率0.73Lu,其中85.5%的孔段压水透水率为0。灌后4个检查孔完

成单点法压水试验 59 段，98.3％孔段透水率为 0，最大透水率 0.01Lu，压水检查质量满足各段透水率 $q<$1Lu 合格标准；灌后压水检查结果统计见表 5。

表 5　　　　　　灌后压水检查结果统计表

孔号	段数	压水透水率/Lu 频率/(段/%) 分布				压水透水率/Lu	备注
		0	0~0.5	0.5~1.0	>1.0		
BXH－J1	15	15/100	0/0.0	0/0.0	0/0.0	0.00	合格
BXH－J2	15	15/100	0/0.0	0/0.0	0/0.0	0.00	合格
BXH－J3	15	14/93.3	1/6.7	0/0.0	0/0.0	0.01	合格
BXH－J4	14	14/100	0/0.0	0/0.0	0/0.0	0.00	合格
合计	59	58/98.3	1/1.7	0/0.0	0/0.0	0.01	—

灌浆前后渗水量对比：灌前渗水段占总段数的 39.1％，单段最大渗水量 180mL/min，单孔最大渗水量 309mL/min，单孔平均渗水量 123mL/min；灌后渗水段占总段数的 23.7％，减少 39.4％，单段最大渗水量 25mL/min，减少 86.1％，单孔最大渗水量 71mL/min，减少 77％，单孔平均渗水量 26mL/min，减少 78.9％，说明丙烯酸盐对微细渗水裂隙灌浆效果明显；灌浆前后渗水量对比见表 6。

表 6　　　丙烯酸盐灌浆前后渗水量对比表

项目	检查段数/段	渗水段数/段	渗水段占比/%	单段最大渗水量/(mL/min)	单孔最大渗水量/(mL/min)	单孔平均渗水量/(mL/min)
灌前	110	43	39.1	180	309	123
灌后	59	14	23.7	25	71	26
衰减率/%	—	—	39.4	86.1	77	78.9

5　结语

通过丙烯酸盐灌浆后，压水检查质量满足各段透水率 $q<$1Lu 合格标准，灌后微渗水段数及渗水量明显减少，灌浆防渗效果明显。通过试验，验证了丙烯酸盐在砂板岩微细渗水裂隙帷幕灌浆中的有效性，针对两河口砂板岩地层水泥灌浆后仍有微渗水现象，采用丙烯酸盐材料对微细渗水裂隙区域防渗帷幕进行灌浆处理，可采用单排、孔距 3m 布孔施工。

福州地铁5号线地连墙槽壁泥浆护壁机理与稳定控制

杜建峰/中国电力建设股份有限公司

郭运华/武汉理工大学

【摘　要】 为揭示槽壁稳定性控制的关键因素，本文基于泥浆渗透形成抗渗泥皮的试验结果，研究开挖过程泥浆有效护壁压力的动态演化规律。福州地铁5号线建新南路站60m深地连墙槽段开挖过程的槽壁稳定性数值研究表明，开挖面上的稳定性控制关键是快速形成抗渗泥皮，以控制局部稳定性；护壁泥浆配制需要考虑槽壁深度对泥浆抗渗极限的要求。

【关键词】 地连墙　泥浆护壁　槽壁　稳定控制

1　引言

地下连续墙是采用专用的成槽机械，沿深基坑或地下构筑物周边开挖具有一定宽度和深度的沟槽，并灌筑钢筋混凝土或插入钢筋混凝土预制构件形成具有防渗、挡土或承重功能的连续地下墙体。虽然工程界在实践中逐渐摸索出一些地连墙槽壁稳定控制的方法，但在槽壁失稳的诱发机制方面，仍存在一些模糊的认识，槽壁坍塌仍是威胁地连墙成槽质量的常见问题。研究槽壁稳定性演化规律，厘清一些认识上的误区，对提升槽壁稳定控制技术十分必要。

本文研究槽段开挖下切过程中的泥浆成皮与有效护壁压力演化，揭示泥浆护壁作用的动态机制，为槽壁稳定控制方法研究提供理论参考。

2　泥浆的有效护壁压力

泥浆可提供的有效护壁压力，应不大于泥皮的抗渗力。文献[6-9]的粗粒土泥浆成皮抗渗试验表明，当地层条件一定时，泥皮的抗渗能力随着成皮渗透压、静止时间、泥浆黏度的增加而增长，且满足以下规律，即不同泥浆渗透压下形成泥皮的最大抗渗力满足式（1）幂函数规律。

$$P_{\max} = -0.0049D^{-1} + 0.375 \tag{1}$$

式中　$P_{\max}$——泥皮可以承受的最大抗渗力，MPa；

　　　D——泥皮两侧渗透压差，MPa。

不同静置时间对泥皮可承受的最大抗渗力的影响满足式（2）幂函数规律。

$$P_t = -0.366t^{-0.17} + 0.51 \tag{2}$$

式中　P_t——泥皮可以承受的最大抗渗力，MPa；

　　　t——泥皮成型时间，h；当t取无穷大时，$P_t \rightarrow P_{\max}$。

根据试验结果，粗粒土中泥皮成型压差$D = 0.1$MPa，静置时间$t \rightarrow \infty$时，$P_{\max} \rightarrow 0.45$MPa，则

$$P_t = \frac{-0.366t^{-0.17} + 0.49}{0.45} P_{\max} \tag{3}$$

根据不同渗透压力下的抗渗力随时间增长过程曲线的相似性，可得到泥皮的抗渗压力与成型压差D、静置时间t的函数关系为

$$P_t = \frac{-0.366t^{-0.17} + 0.49}{0.45}(-0.0049D^{-1} + 0.375) \tag{4}$$

根据福州地铁5号线建新南路站不同槽段36个取样数据统计，由于泥浆的沉淀效应，沿深度方向每20m泥浆容重增加2%。则泥浆成皮压力随深度的分布关系为

$$D = \gamma(1 + 0.001l_2)l_2 - \gamma_w l_1 \tag{5}$$

式中　γ——新配制的泥浆重度；

　　　γ_w——地下水重度；

　　　l_1——泥皮位置距地下水位面距离；

　　　l_2——泥皮位置距泥浆液面距离。

则泥皮静置时间可由式（6）求得

$$t = h_2/v \tag{6}$$

式中 h_2——计算泥皮位置到开挖面的距离；

  v——开挖下切平均速率。

沿槽段深度方向泥皮抗渗力分布受三个因素影响：一是泥皮的成型渗透压差因泥浆重度的增加而增加；二是随着距离开挖面距离的增加，静置时间逐渐延长；三是泥皮提供的有效护壁压力不大于泥浆的静水压力。在此三个因素影响下，槽段沿深度方向有效护壁压力的分布形态见图1。

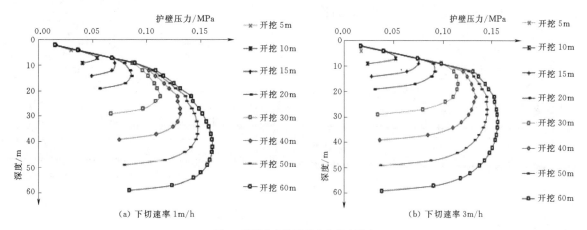

(a) 下切速率 1m/h　　　　　　　(b) 下切速率 3m/h

图 1　槽段有效护壁压力的分布形态

显然，在地面以下 15m 范围内与开挖面以上 2m 范围泥浆所提供的有效护壁压力不足，特别是开挖速率越来越快，虽然开挖面上有效护壁压力更低，但开挖面以上有效护壁压力快速增长，3m 内即达到最大值的一半。

3　有效护壁压力的动态演化规律

有效护壁压力沿深度分布形态为第一象限的伯努利双扭线，可采用式（7）拟合。

$$y = a\sqrt{\frac{1 - x^2/b}{1 + cx} + d} \tag{7}$$

式中　a、b、c、d——与开挖深度有关的参数；

  y——有效护壁压力；

  x——槽壁上计算位置的深度。

不同开挖面以上有效护壁压力分布见图2。

图 2 中的点为计算的有效护壁压力分布，实线为按式（7）拟合的有效护壁压力分布规律。根据不同开挖深度的规律，可获得式（7）中参数的分布规律（图3）。

显然，4 个参数中，敏感性最高的为参数 b。将以上参数代入式（7）就得到泥浆护壁压力随开挖深度的动态分布公式：

$$y = 0.025s^{0.6}\sqrt{\frac{1 - x^2/(0.83s^{0.21})}{1 - 0.98xs^{-1.07}} - 1.18s^{-0.92} - 1} \tag{8}$$

式中　y——泥浆有效护壁压力；

  x——槽壁上计算位置距地表深度；

  s——开挖面深度。

式（8）即为有效护壁压力随开挖面位置变化而动态演化的计算公式。

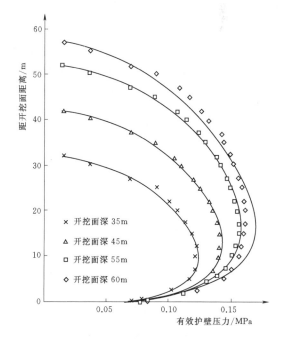

图 2　不同开挖面以上有效护壁压力分布

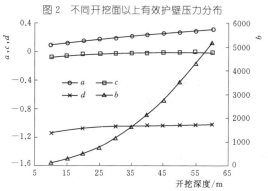

图 3　有效护壁压力公式参数与开挖深度关系

4 槽段开挖稳定性数值分析

4.1 工程概况

福州地铁5号线建新南路站为地下三层岛式站台车站，车站内净总长151.8m，标准段基坑宽度为24.1m，深度约为24.15m。车站基坑围护结构为64幅1m厚地下连续墙，标准段地连墙顶标高5.3m，底标高−53.3/−54.3m，墙高58.6/59.6m。主要地层分布为：①杂填土，局部含少量中粗砂和淤泥；②泥质中细砂，层厚0.7~13.4m；③粉质黏土，层厚1.4~6.4m；④含泥中粗砂，层厚2.1~20.1m；⑤卵石，粒径一般为3~20cm，最大粒径大于50cm，含量为55%~85%，层厚14.6~24m；⑥强风化花岗岩（砂土状），平均厚度4.42m。稳定水位埋深为1.50~4.70m。

4.2 数值分析模型

取槽段对称的1/4部分建立模型，槽段外侧旋喷加固范围宽1.2m，深12m。伴随槽段开挖过程，施加垂直槽壁的有效护壁压力，按式（8）沿深度方向呈梯度分布。沿深度方向各土层层厚分别为：淤泥、杂填土厚9m，泥质中细砂厚7.5m，粉质黏土层厚0.8m，含泥中粗砂厚16.5m，卵石层厚16.8m，卵石层以下强风化花岗岩。各土层参数取值见表1。

表1　不同土层所需的护壁泥浆黏度指标

土层	饱和密度/(kN/m³)	卸荷模量/MPa	泊松比	内摩擦角/(°)	内聚力/kPa
填土	1700	6	0.3	2	8
泥质中细砂	1800	13	0.25	18	5
粉质黏土	1900	15	0.32	12	25
含泥中粗砂	1900	22	0.31	31	3
卵石	2050	40	0.22	35	3
旋喷加固体	2500	40	0.2	45	1000

计算模拟槽段开挖中，按每次下切0.5m为一个开挖步，依据开挖面深度及式（8）计算槽壁不同高程有效护壁压力，并加载在槽壁表面。每开挖步计算平衡后，再进行下一步循环开挖。

4.3 数值模拟分析结果

在槽段中间剖面位置槽壁上每0.5m设置一个监测点，用于监测随开挖下切卸荷与泥浆护壁压力共同作用引起槽壁的水平位移，当开挖越过该测点后，即开始记录其水平位移变化。不同深度设置的监测点水平位移随开挖深度的变化关系见图4。

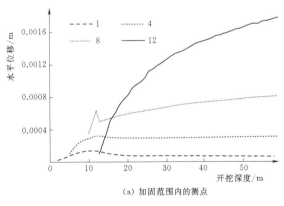

(a) 加固范围内的测点

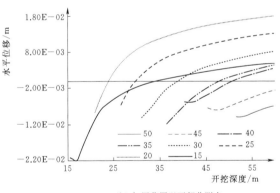

(b) 加固范围以下部分测点

图4　特征测点水平位移随开挖深度的变化

数值分析结果显示：①加固范围内槽壁以受泥浆护壁压力挤压向土体内部变形为主，且深度越深，最终的位移越大；②加固范围以下槽壁位移在开挖面附近为向槽段内位移，随开挖面远离，位移逐渐减小直至转向，最终变形量大小与土层性质有关。

5 槽段稳定性控制的原理

前述研究工作揭示了以下基本原理：

（1）泥浆护壁压力来源于泥皮的抗渗力，该抗渗力根据泥皮质量的不同而有差异。以本文研究的泥浆极限抗渗力0.45MPa估算，地层侧压力系数0.55条件下，足可平衡43m深土层开挖卸除的侧向压力，43m深以下土层将逐渐出现向槽段内的永久位移，并不因继续下切开挖而消失。

（2）泥浆护壁压力沿深度分布符合伯努利双扭线的第一象限形态，这解释了文献中槽壁稳定性整体失稳模型与局部失稳模型的合理性。由于近地表地层侧压力系数偏高及地表超载原因，地表以下12m范围泥浆可提供的静水压力不足以平衡开挖卸除的土层侧向压力，需要提供额外加固。加固深度和宽度的计算方法,在文献[10] 中有详细论述。

(3) 开挖面以上 10m 范围,为有效护壁压力快速增长区域,也是重点控制区域,根据土层性质的不同,可采取不同的处理措施。一般条件下,若非无法形成泥皮的特殊地层,可快速穿过,以利于有效护壁压力发挥作用;若遇无法有效形成泥皮的特殊地层,需针对性投入黏土、锯末等材料,以改善泥皮成型效率。

(4) 泥皮成型效率仍是槽段稳定性控制的关键,泥浆重度作用可能仅限于改善泥皮成型压力差,提高泥皮抗渗力极限,对提高开挖面附近护壁压力影响有限。

(5) 由于固定配比的泥皮抗渗强度存在极限值,随着开挖深度的继续增加,开挖卸除的地层侧向压力可能超出此极限值,需要对泥浆配比进行调整,以满足对护壁压力增加的要求。该深度控制可以由地层中埋设的测斜管产生向槽段内不可恢复的水平位移的深度为界限控制。

6 结语

地连墙槽段开挖的稳定性控制是施工难点之一,泥浆护壁是其中的技术关键。基于试验结果,研究了护壁泥浆的护壁压力形成机制,并采用数值方法研究了随开挖过程护壁压力的动态演化及对槽壁稳定性的影响,并提出了槽壁稳定性控制原理和方法。研究发现:①泥浆护壁压力是与开挖深度、距开挖面距离、静置时间相关的动态演化量,其沿深度方向的分布形态是造成槽壁整体失稳及局部失稳形态的主要原因;②开挖面上有效护壁压力不足是槽壁局部失稳的根本原因,在具备泥皮成皮条件时,可采用快速下切穿越,利用护壁压力快速增长的特点解决;③针对不同开挖深度,对泥浆的抗渗力极限要求不同,需要在泥浆配比设计时综合考虑。

参考文献

[1] 王轩. 矩形地下连续墙槽壁失稳机理及其分析方法研究 [D]. 南京:河海大学,2005.

[2] 杨光煦. 混凝土防渗墙造孔期槽壁稳定分析 [J]. 水力发电学报,1986 (4):48 - 63.

[3] 张厚美,夏明耀. 地下连续墙泥浆槽壁稳定的三维分析 [J]. 土木工程学报,2000,33 (1):73 - 76.

[4] 王士川,李会民. 地下连续墙槽壁稳定性分析及护壁泥浆性能指标的确定 [J]. 工业建筑,1993 (8):35 - 39.

[5] Fox P J. Analytical Solutions for Stability of Slurry Trench [J]. Journal of Geotechnical and Geoenvironmental Engineering,2004,130 (7):749 - 758.

[6] 杨扶银. 粗粒土泥浆渗透特性及泥皮抗渗性研究 [D]. 西安:西安理工大学,2007.

[7] 杨春鸣,邵生俊. 粗粒土地层防渗墙泥皮的形成机制及其抗渗性能试验研究 [J]. 水力发电学报,2013,32 (6):208 - 215.

[8] 邵生俊,杨春鸣. 粗粒土泥浆护壁防渗墙的抗渗设计方法研究 [J]. 水利学报,2015 (S1):46 - 53.

[9] 李建军,邵生俊,杨扶银,等. 防渗墙粗粒土槽孔泥皮的抗渗性试验研究 [J]. 岩土力学,2012,33 (4):1087 - 1093.

[10] 金亚兵. 地连墙槽壁加固深度和宽度计算方法研究 [J]. 岩土力学,2017,38 (S2):273 - 274.

百亩湖清淤底泥重金属治理技术应用研究

沈有辉/中国水利水电第八工程局有限公司

【摘　要】　淤泥固化/稳定化技术是解决大量淤泥处理难题的有效方法。通过在湘潭百亩湖湖底清淤、固化/稳定化处理的工程应用实践中，验证了固化/稳定化技术对污染淤泥处理的效果。同时，淤泥固化/稳定化技术可以快速稳定淤泥中重金属等污染物，进而用于填筑用土，解决了淤泥的堆放占地和环境污染问题。百亩湖清淤技术对其他湖泊生态环境治理，将具有良好的借鉴和指导作用。

【关键词】　重金属　淤泥处理　淤泥固化/稳定化

1　引言

百亩湖位于湖南省湘潭市，湖里汇集了周边地区大量城镇生活污水，且数年前湘潭钢铁集团部分生产废水也经此排放。根据百亩湖底泥分层采样分析检测，部分表层底泥重金属超标，主要污染元素：汞、铅、镉均为第一类污染物。为降低底泥重金属对周边及湖下游的影响，对百亩湖进行底泥清淤，并进行固化/稳定化治理。经治理后的爱劳渠百亩湖底泥，重金属水浸浓度达到《地表水环境质量标准》（GB 3838—2002）Ⅲ级标准。

根据处置位置不同，可以将固化/稳定化技术分为原位和异位处理技术。为确保彻底清除所有的游离状态的污染底泥，较好控制清淤厚度，保证环保方面对清淤质量的要求，不产生回淤和扰动非清淤土现象，本工程采取异位处理方式，首先把水排干，采用挖机进行清淤作业，将各塘内底泥就近清挖、转拨至岸上地势较高处。底泥堆放岸上后，不定期采用挖机进行现场挖掘或转拨翻晒，确保底泥达到治理要求的含水量。分层清淤堆放的污泥经自然脱水后，运至稳定化处理系统进行固化/稳定化治理，固化后的淤泥主要用于园路路基用土、绿化、种植用耕植土等。

2　治理方案选择

2.1　百亩湖污染情况

百亩湖的底泥采样位置，表层为0～50cm，中层为50～100cm，深层为100cm以下；清淤前底泥重金属含量测试结果见表1。

表1　清淤前百亩湖底泥重金属含量测试结果

项　　目	铅	汞	铬	铜	锌	镉	镍	砷
参考标准限值/(mg/L)	100	1.5	400	400	500	1	200	40
表层/(mg/L)	152	5.06	435	157	711	3.02	55	35.3
中层/(mg/L)	56.7	0.55	180	57.4	168	0.200(L)	39.3	19.8
深层/(mg/L)	39.1	0.22	119	36.6	153	0.200(L)	40.5	15.9

注　数据后括号内标"L"表示测定结果低于方法检出限，其数值为该方法检出限。

根据检测结果可知，百亩湖表层底泥重金属含量超标，其中汞和镉达到中度污染的程度，而中层及深层底泥中重金属含量均未超标。设计方案确定将深度50cm以上的表层底泥与中层底泥堆存，经自然脱水后治理。

2.2　污泥固化/稳定化治理方案

2.2.1　常用污泥治理技术简介

目前，国内外污泥治理中，主要的治理技术有：工程技术、固化/稳定化技术、电动修复以及植物修复治理技术。

（1）工程技术：通过污泥土与外购客土进行掺和，有效降低单位量中的镉含量。另外还可以通过用污泥土做深层回填土直接隔开与外界的接触以降低重金属污染风险。

（2）固化/稳定化技术：将污泥与能聚结成固体的黏结剂混合（固化/稳定化），或与能和污泥中的重金属元素发生络合/螯合等化学作用而使之稳定化的药剂相混合（稳定化），从而将污泥中的重金属污染物捕获、稳定或固定在固体结构中的技术。

（3）电动修复技术：在污染土壤两端插上电极，接通电源后，污泥中的带电粒子向电性相反的电极移动，最终积聚或沉淀在电极上，以达到清除污染土壤中重金属的目的。

（4）植物修复治理技术：利用植物对重金属具有忍耐和吸收富集特性，将植物收获并进行妥善处理后将重金属从泥土体中去除的生态治理技术。

2.2.2 治理技术比选

采用定性矩阵法对几种常用治理技术进行评估。所选污泥治理技术应与百亩湖污染物的特征相符，并满足业主、当地居民和当地政府的要求。污泥治理工程应当满足治理成本低、资源需求少、技术成熟、切实有效、治理周期短、长期有效、施工难度低、不易造成环境二次污染、对施工人员和周边人群安全等要求。具体筛选条件及结果见表2。

表2   河底污泥治理技术评估及筛选

筛选条件	治理技术			
	工程技术	固化/稳定化技术	电动修复技术	植物修复治理技术
是否有针对性地处理污染物	是	是	是	是
治理效果	好	好	中等	好
治理技术是否成熟	是	是	中等	是
成本/效益水平	中等	低	高	低
能否和其他治理技术集成	能	能	否	能
治理技术是否容易获得	是	是	较难	是
治理时间	短	短	中等	长
对环境和安全是否产生不利影响	是	否	否	是
是否需要第三方监测	是	是	是	是
是否符合各利益攸关方的要求	是	是	是	是
是否满足法律法规的要求	是	是	是	是

通过所有筛选条件的技术确定为推荐技术，因此推荐使用固化/稳定化治理污泥。

2.2.3 固化/稳定化剂的选择

（1）选择固化/稳定化剂的基本要求是：①固化/稳定化产物的化学性能指标优良、稳定，不能二次分解或潮解；②固化/稳定化产物应具有良好的力学性能，能够满足建筑材料利用的技术要求，力学性能指标包括：抗压强度、抗剪强度、内摩擦角等；③固化/稳定化产物应具有优良的环保指标，不能产生二次污染，污染物应有尽可能低的浸出率，对于重金属和有机物的浸出率指标或有机物的挥发性必须满足环保要求。

（2）常用的重金属稳定剂材料可分为以下4类：①无机黏结物质，如水泥、石灰、硫化钠、骨炭、磷酸盐矿物等；②有机黏结剂，如沥青等热塑性材料；③热硬化有机聚合物，如尿素、酚醛塑料和环氧树脂等；

④玻璃质物质。

（3）由于重金属污染的复杂性，市场上的重金属稳定药剂是很多种物质混合而成的，针对不同重金属不同浓度的土壤配制，成分组成不一，比单物质重金属稳定剂的效果更佳。

考虑本项目主要是以汞（Hg）、镉（Cd）、铅（Pb）、锌（Zn）的污染为主，选择SLCPR01型固化/稳定化剂（用天然硅酸盐矿物为主要原料，配以碳酸盐、硫酸盐和磷酸盐等天然矿物及其自制低温活化剂配制而成）。

SLCPR01型固化/稳定化剂的主要特点：①无毒无害、无挥发性、无腐蚀性、无爆炸性、无放射性；②运输、贮存方便；③溶于水、投加使用方便；④固化/稳定化速度快，在污泥添加固化/稳定化剂搅拌均匀后，养护1～6d，即可达到填埋要求的强度和含水率，还可通过对添加量的控制，控制固化/稳定化时间及成本，在2%低量添加后固化/稳定化20d可满足150kPa抗压强度要求；⑤污泥固化/稳定化后，有毒重金属离子被结合于晶间或被包裹，形成的固化/稳定化物除了具有较高的强度外，还有较好的水浸稳定性和化学稳定性；⑥固化/稳定化产物的二次浸出率低，臭味小，可有效防止有害物质的析出，防止对环境造成二次污染；⑦形成的固化/稳定化产物具有良好的土力学性质，便于作为建材或耕植土使用；⑧固化/稳定化过程中产生的浸出液水质指标可满足地表Ⅲ类水体标准；⑨投加量小、价格低廉，产品已国产化。

SLCPR01型固化/稳定化剂治理后的污泥用途：①河道、堤坝、建筑用土；②低洼路段填方用土或地道路路基用土；③可烧制成道路用砖，作为建筑材料使用；④可用作绿化、种植的耕植土。

3 现场小型试验

3.1 现场小型试验流程

重金属污染底泥治理采用固化/稳定化技术，稳定化药剂的配方和添加量是该技术的关键工艺参数，不仅直接影响处理结果，而且对投资的影响较大。为了确保治理效果和投资最优化，并进一步验证技术可行性，因此本项目取土样进行现场小型试验来确定工艺参数；试验处理流程详见图1。

（1）试验主要包括如下程序：

供试污泥特性分析——根据现有的调查数据，选择污泥重金属含量较高的、具有代表性的两个典型污泥样品，按照相关标准进行检测，用于进行污泥治理小型试验。

稳定化治理试验——根据污泥性质及污染程度、治理后土地用途及治理标准等，添加不同比例的稳定剂进

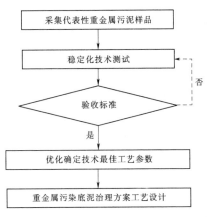

图1 项目小型试验处理流程图

行对比试验，确定合理的药剂添加量。

（2）具体试验方法如下：①采用精度为0.1g的电子天平，称量50g预处理好的污染土壤，装入塑料容器中；②按照1％、2％、4％试验比例向污染土壤中添加稳定剂；③添加自来水调节土壤水分为30％左右，并将药剂和土壤搅拌15min，尽量使药剂和土壤混合均匀；④将搅拌好的土壤装入塑料袋，按规定编号，在自然条件下养护1~5d；⑤处理样品送检，进行浸出毒性试验，根据试验结果进行稳定化效果判断，并确定最佳药剂比例。

3.2 现场小型试验流程结果分析

按照确定的稳定化治理小型试验进行治理试验，技术可行性测试结果见表3。

表3 稳定化小型试验测试结果汇总表

编号	指标	重金属浸出浓度/(mg/L)	按不同比例添加稳定剂			验收标准/(mg/L)
			1%	2%	4%	
1	铅	1.00×10^{-3}(L)	1.00×10^{-3}(L)	1.00×10^{-3}(L)	1.00×10^{-3}(L)	0.05
	汞	1.23×10^{-3}	4.00×10^{-5}(L)	4.00×10^{-5}(L)	4.00×10^{-5}(L)	0.0001
	铬	0.05(L)	0.05(L)	0.05(L)	0.05(L)	0.05
	铜	0.043	0.01(L)	0.01(L)	0.01(L)	1.0
	锌	0.064	0.005	0.005(L)	0.005(L)	1.0
	镉	0.056	0.002	2.00×10^{-4}(L)	2.00×10^{-4}(L)	0.005
	镍	0.008(L)	0.008(L)	0.008(L)	0.008(L)	0.02
	砷	0.034	0.008	3.00×10^{-4}(L)	3.00×10^{-4}(L)	0.05
2	铅	1.00×10^{-3}(L)	1.00×10^{-3}(L)	1.00×10^{-3}(L)	1.00×10^{-3}(L)	0.05
	汞	4.00×10^{-5}(L)	4.00×10^{-5}(L)	4.00×10^{-5}(L)	4.00×10^{-5}(L)	0.0001
	铬	0.028	0.05(L)	0.05(L)	0.05(L)	0.05
	铜	0.044	0.01(L)	0.01(L)	0.01(L)	1.0
	锌	0.715	0.023	0.006	0.005(L)	1.0
	镉	0.012	0.001	2.00×10^{-4}(L)	2.00×10^{-4}(L)	0.005
	镍	0.07	0.016	0.008(L)	0.008(L)	0.02
	砷	7.73×10^{-3}	3.00×10^{-4}(L)	3.00×10^{-4}(L)	3.00×10^{-4}(L)	0.05

注 数据后括号内标"L"表示测定结果低于方法检出限，其数值为该方法检出限。

根据实验室稳定化治理试验检测结果分析，对于选择的两个典型污泥样品，随着稳定剂添加比例增加，Cd、Pb、Cr的浸出毒性浓度降低，当添加比例大于1％时，浸出毒性浓度均低于《地下水水质标准》中Ⅲ类水质的浓度限值。综合考虑试验结果及处理后的污泥需达到一定抗压强度要求，确定稳定剂的添加比例为2％，以完全达到本项目要求的稳定化治理目标。

4 治理设备和工艺流程

4.1 固化/稳定化系统主要设备

本项目采用搅拌-固化/稳定化设备对污泥进行处理（图2）；该套设备采用计算机控制系统，实现固化/

稳定化剂与污泥的自动配比，具有计量准确、可靠性好、搅拌均匀、操作方便、生产效率高、故障率低等优点，且拆装方便，可满足工程的技术需要。由于各部分为紧凑型结构从而减少物料泄漏，减少二次污染，较清洁环保。

搅拌-固化/稳定化设备由以下几个部分组成：

（1）粉料供给计量系统：防膨螺旋自动喂料机、螺旋电子秤。

（2）供泥系统：储泥池、污泥螺旋喂料机、气动执行器。

（3）搅拌装置：搅拌机、电机减速机。

（4）储料和送料装置：成品皮带机、料仓。

（5）控制系统：（变频）控制柜、PLC控制器、配电盘。

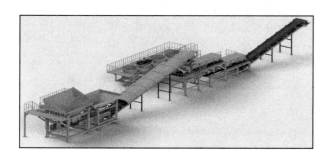

图 2　污泥治理设备图

4.2　固化/稳定化处理流程

污泥固化/稳定化过程是先将待固化/稳定化污泥按照工艺配比，分别经污泥喂料机和污泥电子秤均匀送入搅拌装置内。所需固化/稳定化剂由粉料仓经闸门、螺旋自动给料机，到达螺旋电子秤，螺旋电子秤按照重量设定值，自动连续称量并输送到搅拌装置进料口。进入搅拌机的污泥，在机内经相互反转的两根搅拌轴上双道螺旋桨片的搅拌下，受到桨片周向、径向、轴向力的作用，使物料一边相互产生挤压、摩擦、剪切、对流从而剧烈地拌和，向出料口推移。当物料到机内的出料口时，污泥与固化/稳定化剂已得到均匀地拌和。此后，均匀拌和的物料由出料口到成品皮带机，经成品皮带机输送到储料仓内。等运料车开启储料仓门装车后运往施工现场；污泥固化/稳定化工艺流程见图3。

4.3　固化/稳定化后的污泥处置

底泥经干化后运至稳定化处理中心进行修复处置。对修复后底泥进行取样检测，分析其浸出浓度，达到标准后在现场绿化区域内作为园林土，为公园建设服务，既可减少外购土量降低工程造价，还能利用植物对重金属的吸收富集特性达到生态治污的作用。处置后的土也可用于路基稳定层以下回填，回填满足湖南省地方标准《重金属污染场地土壤修复标准》规定。

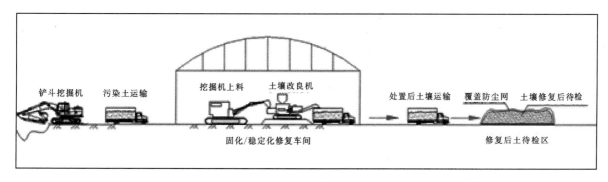

图 3　污泥固化/稳定化工艺流程图

5　治理过程监测

5.1　浸出液重金属浓度监测

稳定化后污泥浸出液重金属浓度的监测目的：判断被检批次污泥的稳定化处理效果是否达到了治理目标要求，也是污泥治理效果验收的重要依据。检测的具体规定如下：

（1）监测频率：每120m³取1个样品。

（2）监测方法：《土壤环境监测技术规范》（HJ/T 166—2004）。

（3）监测指标：监测污泥中的重金属含量，主要监测指标为镍、镉、汞重金属元素。

（4）判断标准：《地表水环境质量标准》（GB 3838—2002）Ⅲ类标准限值要求，其中 Cd＜0.005mg/L、Hg＜0.0001mg/L、Ni＜0.02mg/L。

5.2　处理过程产生的废水处理质量监测

废水处理质量的监测目的：判断该项目施工过程中产生的废水是否得到了有效处理，这是作为本项目污染综合治理完整效果的监测。检测的具体规定如下：

（1）监测频率：每天 2 次，每次两个样品。

（2）监测点位：污水处理设施排放口。

（3）监测指标：检测废水中的 pH 值、COD、氨氮等常规检测指标和重金属镍、镉、汞。

（4）判断标准：《污水综合排放标准》（GB 8978—1996）第一类污染物控制标准和第二类污染物一级标准。要求 $Ni < 1.0mg/L$、$Hg < 0.5mg/L$、$Cd < 0.1mg/L$、pH 值为 $6 \sim 9$、$COD < 100mg/L$、$NH_3-N < 15mg/L$。

5.3 治理效果长期监测

为评价污染区域的长期治理效果，保证生物体直接或间接接触治理后场地的安全性，需对治理场地进行长期监测。依据治理后场地的用地规划，在治理区域布设适当的监测点位，对场地的污泥、地下水进行长期监测。监测的目标污染物为汞、铬、铜、锌、镉、砷、镍，监测内容为各目标污染物的浸出浓度，浸出方法为《固体废物浸出毒性浸出方法水平振荡法》（HJ 557）。

6 结语

通过百亩湖清淤底泥固化/稳定化处理，大大削减了底泥中的污染物，改善了百亩湖区域生态系统结构，创造了良好的生活环境，提高了居民的生活质量。

通过工程实践，将固化技术与稳定化技术相结合，研究了重金属污泥处理施工流程，形成一套可以广泛应用于生态环境治理的施工工艺，证明了离岸污泥固化/稳定化处理技术的可行性和科学性。

参考文献

[1] 周智全，徐欢欢，张丽，等. 固化/稳定化技术应用于重金属污染土壤修复的研究进展 [J]. 广东化工，2017，44（15）：188-189.

[2] 屈阳，朱伟，包建平，等. 衡阳平湖污染淤泥固化/稳定化技术的应用 [J]. 环境科学与技术，2011（6）：137-140.

本栏目审稿人：李林

格栅钢架与型钢拱架两种支护型式的对比分析及应用

何无产　杨井国/中国水利水电第十一工程局有限公司

【摘　要】　本文通过新疆 XEV 引水隧洞工程，对格栅钢架与型钢拱架两种支护型式，从制作安装、经济费用、使用条件等方面进行了对比分析，并通过该项目的应用结合相关文献资料，阐明了两种支护型式选择原则和使用的条件。强调了格栅钢架与型钢拱架两种支护型式施工相关注意事项。

【关键词】　格栅钢架　型钢拱架　支护

1　概述

XEV 引水项目位于新疆阿勒泰地区，主要有两条引水隧洞组成，隧洞采用马蹄形断面，隧洞出露的地层岩性主要为：泥盆系中统阿勒泰组黑云母斜长片麻岩、花岗片麻岩。Ⅱ类、Ⅲ类围岩采用挂网锚喷支护型式，Ⅳ类、Ⅴ类围岩采用钢拱架挂网锚喷支护型式。钢拱架分格栅拱架和型钢拱架两种形式，在围岩相对较好的情况下（塌方较少，回填混凝土相对较少）采用格栅拱架；在围岩相对较差的情况下（遇到大塌方回填大方量喷射混凝土、需型钢拱架早期承载力较大时）采用型钢拱架。

两种支护方式各有利弊，为了更好地了解这两种支护方式，特将其进行各方面对比分析，以便工程技术人员熟悉掌握各自的优缺点，更好地做好工程，服务于工程。

2　两种支护型式对比分析

2.1　结构型式、材料用量两方面的对比

本工程隧洞Ⅳ类围岩开挖后断面与支护后断面尺寸，如图 1 所示，型钢拱架与格栅拱架的标准节数目、长度、宽度均相同，不同之处在于标准节拱架的材料不同：

（1）型钢拱架：采用 HW150×150mm 型钢，该材料单重为 31.9kg/m，Ⅳ类围岩隧洞拱架周长共20.865m，单榀拱架需 HW150×150mm 型钢 665.6kg。

（2）格栅拱架：采用四根 ϕ28mm 螺纹钢筋作为纵向主筋，并辅以 ϕ16mm 的八字筋、ϕ10mm 的圈筋及ϕ14mm 的 U 形筋，组成格栅拱架结构，八字筋、圈筋、U 形筋均与主筋单面满焊，单榀拱架所需钢筋重量为 531.2kg。

从结构型式看，型钢拱架加工成型为单一构件，为便于运输与安装，由四节组成，节间通过钢板螺栓连接；格栅钢架由多个构件组成，相对比较复杂些，例如由主筋、箍筋、八字筋及 U 形筋焊接组成的格栅结构，分节及连接方式与型钢拱架相同，结构示意图见图 1。

2.2　制作安装工艺及效率对比

（1）制作工艺。型钢拱架弧形制作采用冷弯机冷弯，也可以用拉弯机拉，还可以用顶弯机顶。各个标准节弯曲后一次成型，需要焊接的部位仅为拱架与垫板之间的焊缝。本工程型钢拱架共计 4 个标准节，单榀拱架需焊接部位共计 8 块垫板，焊缝量较少。

格栅拱架的主要组成构件是钢筋，需要用到钢筋切断机、钢筋调直切断机、钢筋弯曲机、台式钻机、电焊机。制作时主钢筋需放进型钢制作的标准模具中，然后把事先制作好的其他构件按图安装在相应位置，再按照一定的要求焊接牢固。

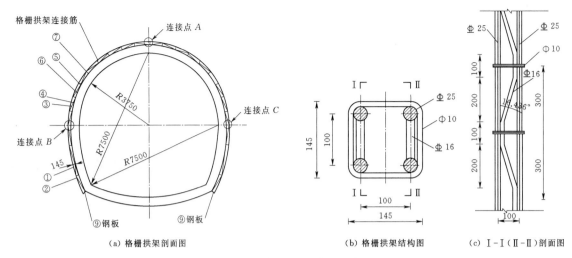

图1　引水隧洞格栅钢架支护结构图（单位：mm）

格栅拱架与型钢拱架相比，主要区别是组件多，组件之间的焊缝多。以本工程为例，需要的钢筋组件材料见表1。

（2）制作加工效率。格栅拱架与型钢拱架相比，加工区别主要在以下两方面：①切割、弯曲工程量较大，表1中编号1、2、3、4、5、6、8为格栅拱架标准节的组件钢筋，件数共计272个，对比型钢拱架加工量大大增加。②焊缝大大增加，组件之间的接触部位均需满焊。每榀格栅拱架需要焊接的数量统计如下：八字筋共计142个，每个八字筋需要与主筋焊接的长度为200mm长，仅八字筋与主筋的焊接长度已达到28.4m，再加上圈筋、U形筋与主筋的点焊，焊缝工程量约30m。

表1　　　　　　　　　　　　　　　　　单榀钢筋组件表

编号	规格/mm	长度/mm	单件重/(kg/m)	件数	总重/kg	备注
1	25	3660	3.85	4	56.4	
2	25	3540	3.85	4	54.5	
3	25	6833	3.85	4	105.2	
4	25	6597.5	3.85	4	101.6	
5	10	580	0.617	72	25.7	
6	16	308.52	1.58	142	69.2	
7	16	1350	1.58	43	91.7	格栅拱架连接筋，单位长度
8	14	76.31	1.21	48	4.4	U形焊接钢筋
9	钢板		2.79	8	22.3	厚10mm，宽148mm，长240mm
10	螺栓、螺母、垫片			12		M20，螺栓长5cm，丝长3cm
合计					531.2	

注　除去螺栓、螺母、垫片，每格拱架需要钢筋531.1663kg。

根据本工程的加工经验，劳动力采用2个熟练工，每天工作10h，格栅拱架每天仅能加工2榀成品拱架，而型钢拱架每天可加工6～8榀拱架。

从上述分析来看，由于格栅钢架加工及制作的工序相较于型钢拱架多得多，在同样熟练工的前提下，格栅钢架的制作效率为型钢拱架制作效率的1/3～1/4。

（3）运输及安装工艺。两者分节长度均在4～6m之间，采用装载机运输，工序耗时基本相同。

工字钢的质量大、硬度大，制作时需要机械配合，安装时由于洞内场地狭小，造成施工不便，很费人力、物力、时间，增加了投入。相比较而言，格栅钢架轻便，可以人工制作，在洞内仅使用简单的辅助设备即可安装到位。但是经过工程对比，两者单位长度的重量相差不多，运输及安装相差无几。

（4）造价费用对比。通过本工程，对格栅钢架与型钢拱架进行材料、制作两方面的经济对比，两者相同的工序不计，如都存在钢板连接等。每榀米拱架的成本估算见表2。

表2　　每榀米拱架的成本估算

项　目	型钢拱架	格栅拱架	备　注
单榀重量及费用/（kg/元）	665.6/6455.86	531.2/2826.06	型钢8279.93/t；钢筋5320.15元/t
所用人工及费用/（工时/元）	0.3/90	1.0/300	300元/熟练工
耗材费用/元	40	75	用电、电焊条等
每榀综合单价/元	6585.86	3201.06	

注　两者相同的费用未计入。

综上所述，格栅钢架每榀米成本仅为型钢拱架的48.6%，每榀米成本可节省3384元。格栅钢架的材料成本仅为型钢拱架的44%，这是因为单位长度钢筋的质量显然比型钢小很多，后者在接头处还要求采用附件，如夹板、钢楔等，增加了材料用量。在表2中，钢架制作3~4榀的时间大约仅相当于制作型钢拱架1榀的时间。

（5）安全方面。如果从材料特性上考虑支护的安全性，格栅钢架在横断面为轴对称形，具有等强度、等刚性、等稳定度，并具有相对柔性，刚度适中。适应隧洞围岩变形能力优于型钢拱架，它适用于围岩破碎、易失稳的部位。如新疆某项目在围岩相对较好的情况下采用格栅拱架，在围岩相对较差的情况下采用型钢拱架。

型钢拱架采用工字钢材料，在隧洞开挖的初始阶段，其抵抗围岩压力的能力大于以三级螺纹筋为材料的格栅钢架，适用于岩层破碎、易失稳的地层。

此外，如图2所示的拱架支护曲线示意图中可以看出：型钢拱架的开始刚度很大，在A点就达到极限平衡状态，不利于发挥围岩的自身抵抗变形的能力，反而增加了以型钢拱架为主，由锚杆、钢筋网、喷锚混凝土组成的一次支护系统的承载能力；相比而言，格栅钢架具有较强的适应隧洞围岩变形的能力，使隧洞围岩应力得到了一定的分解、释放。

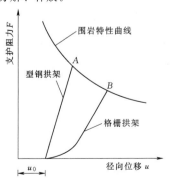

图2　拱架支护曲线示意图

3　共同点

格栅钢架和型钢拱架安装后，最好迅速喷混凝土覆盖。因为，首先为了能使喷锚混凝土、挂网钢筋及锚杆与拱架形成一次锚喷支护结构共同联合受力，提高抵抗围岩的压力；其次是使钢拱架在隧洞潮湿环境内不受潮，不生锈。

在施工中常发现，在工字钢拱架和格栅钢架与围岩之间回填石块，这是极为不妥的。因为喷混凝土不能充填石头间的空隙，形成缺陷，降低一次支护效果。拱架与围岩间的较大空隙可采用浇注混凝土或喷射混凝土或进行充填注浆填平，以保证钢架与围岩之间紧密连接，充分发挥一次支护的作用。

4　选择原则

单从施工的角度来说，更倾向于使用型钢拱架，因为型钢拱架制作简单，操作方便。但实际实施时，究竟采用哪种形式，应遵循以下原则：

（1）合理安全度。安全度是指隧洞一次支护系统可承受的最大压力与隧洞该段围岩可能产生的山岩压力的比值。"合理安全度"即不一味、盲目地靠增加投入，采取型钢拱架支护手段来提高临时支护的安全度，而是在充分进行隧洞地质资料分析的基础上，在保证安全的前提下，采取最经济的支护措施，是在经济与安全两个方面寻找结合点。

（2）柔性支护和刚性支护共同作用。隧洞一次支护一方面充分利用格栅钢架的柔性，利用型钢支架的刚性；另一方面无论采取哪种拱架，都必须认识到刚性支撑仅起着骨架作用，强调一次支护的组成体，即锚杆、钢筋网、喷锚混凝土喷锚网和拱架体系共同形成柔性支护，或刚性支护共同作用、共同承受围岩压力，起到防止隧洞围岩失稳的关键作用。

5　几点认识

通过上述分析，可以得知，格栅钢架与型钢拱架两种支护型式，各有所长。但在施工中也特别需要注意以下常见问题：

（1）隧洞施工，必须把精力放在隧洞开挖质量上，力求精益求精，保证光爆效果，减少爆破对围岩的扰动，这才是隧洞施工最重要的。

（2）无论采用哪种支护结构型式，钢架制作和安装过程中焊接必须饱满，满足设计要求。

（3）施工中，拱架两侧的固定锚杆必须按设计要求设置，锚杆要和拱架牢固焊接；注意保持隧洞顶部拱架的拱形，防止架立拱架时随岩面起伏而弯曲，破坏拱架的受力特性。

（4）在围岩相对较好的情况下采用格栅拱架；在围岩相对较差的情况下，采用型钢拱架。支护完成后要勤观察、监测围岩，掌握围岩变形的动态资料，特别是不良地质洞段和地质条件尚不清楚，以及临时支护已存在隐患的地段，一旦发现有不利变形，要迅速采取进一步的重型支护。

（5）格栅钢架在喷混凝土一段时间后才能承载受力，对于隧洞围岩变化较快的情况，不要过分考虑经济问题，以安全为主，尽快采用型钢拱架重型支护。

（6）无论采用哪种支护结构型式，要充分认识，隧洞一次支护是由锚杆、拱架、钢筋网、喷锚混凝土组成的一个完整结构，每道工序都要认真施工，才能使一次支护起到设计的效果，不能顾此失彼。

6 结语

通过新疆 XEV 引水隧洞工程钢筋格栅钢架与型钢拱架两种支护型式特点对比，分析使用过程中各自的优缺点，以及施工时选择不同支护型式的原则和使用的条件。针对隧洞的地质条件，保证安全的前提下，合理地选择支护型式，这才是最重要的。施工技术人员掌握以上技术后，能够更好地做好工程，服务于工程。

参考文献

[1] 王梦恕，等. 中国隧道及地下工程修建技术 [M]. 北京：人民交通出版社，2009：78-80.

绞吸式挖泥船水下潜管技术的应用

秦大超/中国电建集团港航建设有限公司

【摘　要】 水下潜管是港口航道挖泥船疏浚施工中水上疏浚配套技术,以解决在航道通航条件下绞吸式挖泥船隔江取土,并通过排泥管线和水下潜管进行吹填施工,从而满足挖泥船施工而不影响航道通航的要求。本文结合施工案例就潜管长度计算、潜管下沉与上浮方法、防淤埋措施等方面进行了论述。

【关键词】 挖泥船　水下潜管　上浮　下潜

1　水下潜管技术

绞吸式挖泥船在港口、航道疏浚施工过程中,当挖泥船排泥管线横跨整个水域时,水面航行船舶将受阻碍。为了解决这一难题,挖泥船水上排泥管线通常采用水下潜管施工技术。中国电建集团港航建设有限公司作为专业的港口航道施工单位,有丰富的挖泥船疏浚作业水下潜管施工的经验,在多年的施工中已经形成了一套标准的潜管施工工艺过程,取得了很好的经济效果。

水下潜管由前后两个端点站、若干数量的橡胶软管和钢管组成,主要特点是在航道通航条件下解决绞吸式挖泥船隔江取土,并通过排泥管线和水下潜管进行吹填施工,从而满足挖泥船施工而不影响航道通航。

工作原理和潜水艇相似,利用管线的重力和所受浮力的变化来控制管线的浮沉。水下潜管通过端点站(或挖泥船本身)向管内注水使之下沉,起浮时使用空气压缩机向管内充气,排出管内存水后使得管线重力小于所受浮力,管线便浮到水面。

2　潜管长度计算

潜管长度计算如图1所示。

设潜管两个端点直线长度 AB（即潜管跨越河道长度）为 L,为简化计算,管线视为圆弧,一般 α 取 $60°$,即 $\theta = 120°$。设圆弧长度为 S,则可得下式:

$$R = \frac{L}{2\cos 30°}$$

$$S = \frac{\pi R \theta}{180°}$$

式中　R——相应的圆弧半径。

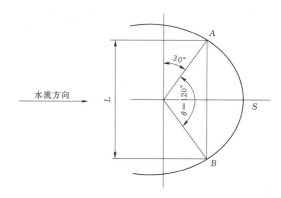

图1　水下潜管长度计算

一般计算出 S 后需增加 $5\% \sim 10\%$ 的富余量,避免潮位、管线移动等因素影响水下管线的内部应力。

3　管线展布

3.1　挖泥船就位

由拖轮拖带挖泥船到预定地点,采用 GPS 系统确定挖泥船的位置,定位后落桩下锚使挖泥船处在稳定状态。

3.2　潜管组装

潜管的组装一般选择在离施工区域近、地势开阔的岸边进行。当潜管区与施工区域比较远时,考虑到拖运的方便,每次组装长度宜控制在 200m 以内。钢管与橡胶管的组合形式要根据水下地形情况决定,一般地形平坦区域由 $4 \sim 5$ 节钢管和 1 根橡胶管组成;地形变化较大区域,由 $2 \sim 3$ 节钢管和 1 根橡胶管组成;在靠近两处端点站处应由 $1 \sim 2$ 节钢管和 1 根橡胶管组成。这样做的目的是防止潜管在地形变化大的区域发生断裂,增加柔韧性。此外，在钢管连接处必须加橡胶垫，确保管线严密性符合要求，防止由于漏气而不能上浮。

3.3　潜管配套设施

可根据现场实际情况确定，一般应包括以下设施：柴油机 1 台、水泵 1 台、空压机 1 台、发电机 2 台、起锚绞车 4 台、闸阀 2 座。

3.4　潜管敷设和下潜

根据潜管的长度和结构条件不同，潜管下潜分整体下潜和分段下潜两种方法，其中整体展布一次下潜的施工方法无论从工期角度还是经济性角度来看，都要优于分段下潜方式。具体施工方法：先用法兰将钢管和橡胶管连接起来，检查合格后用拖轮拖到施工区附近合适位置，在航道封航后由拖轮拖带就位；然后利用抛锚艇将端点站的锚抛到预定位置，待调整好锚缆角度后拖轮解缆。潜管的另一端若处在岸边则利用地笼固定，若处于水下则利用锚抛抛锚固定。潜管的位置固定后，启动端点站水泵向潜管内注水使潜管逐步下沉，直到整条管线下沉结束解除封航。潜管拖带方式如图 2 所示。

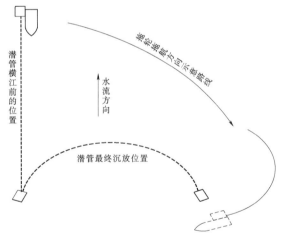

图 2　潜管拖带示意图

3.5　水上浮管连接

先将水上管线按预定长度分段连接到挖泥船的尾部，待潜管端点站固定之后再利用拖轮、抛锚艇配合连接。最后按照水流方向抛领水锚，如在海滩上有往复水流时还需抛背水锚。连接方式如图 3 所示。

3.6　水陆接头连接

为防止水位变化使水陆接头的管道产生折断，在水位变化的高度范围内采用橡胶管连接，并在水上管的上水方向抛锚固定，如在海滩上有往复水流时还需抛背水锚固定。

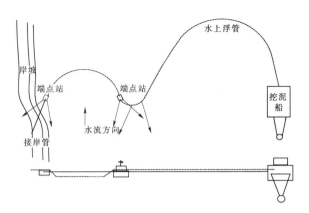

图 3　水上浮管连接示意图

3.7　围堰与退水口

吹填加固或河道疏浚的吹填泥浆通过管线进入排泥场，其围堰形式根据工程特点主要有土筑堤、袋装土堤、吹填袋和桩模围堰等。围堰的挡水高度和退水口的过水能力应符合设计要求，修筑应在投入使用之前完成。

4　带水下潜管作业具体施工过程

4.1　带潜管施工时的操作

挖泥船正常施工并开始输泥时，由于水上浮管内存有大量的空气，在水下潜管内已充满了水的情况下，水上浮管内的空气将因泥泵传来的泥浆挤到水下潜管中，造成水下潜管起浮，严重威胁施工航道安全。因此，带潜管施工必须遵循以下操作规则：

（1）挖泥船合泵前操作人员必须注意观察航道过往船只情况，严禁在船只通过潜管时合泵。

（2）开始合泵的转速必须缓慢提速，防止管道中的空气突然加大，使放气阀排气不及时而进入潜管，使潜管起浮。一般初始转速控制在 550～600r/min，待运转 3～5min 后再提到正常转速，一般水上浮管长则气体多，水上浮管短则气体少，具体初始运转时间要根据水上浮管的长度确定。

（3）合泵前设专人在潜管与水上管的端点站上开启放气阀，待潜管无起浮时挖泥船泥泵方可提高到正常生产转速，并关闭阀门。

（4）由于潜管处在输泥管线的最低点，因此挖泥船吹填的泥浆含量不得大于 30%，泥泵压力不小于 0.4～0.6MPa。停机前必须先吹清水，使潜管内的淤泥清除管体，防止潜管堵死而无法施工。

4.2　潜管上浮

在下述三种情况下需要上浮潜管：

（1）在施工过程中排泥管压力下降，排除设备等其他因素确定是潜管发生磨损穿孔。

（2）疏浚土质较硬或是砂性土时，需每隔500h浮起潜管进行检查，防止发生意外。

（3）施工结束后转移工地。

目前，一般采用充气法浮起潜管。起浮前要对潜管进行检查是否被淤埋并判断能否用充气浮起，否则应先清淤。起浮时，速度不宜过快，防止浮力过大而造成管线断裂。

4.3　潜管起浮方法

当施工结束后，关闭设在端点站上的闸板阀，使潜管的首端与挖泥船的水上管断开，利用端点站上的空压机向潜管内加压空气，根据浮力原理，加压空气压强计算公式如下：

$$\frac{\pi d}{2}hP_0+\pi\left(\frac{D}{2}\right)^2 h\rho_水 G>\left[\left(\frac{D}{2}\right)^2-\left(\frac{d}{2}\right)^2\right]\pi h\rho_钢 G$$

可推导出 $P_0>\dfrac{[(D^2-d^2)\rho_钢-D^2\rho_水]G}{2d}$，只与潜管内、外径和潜管本身以及水的密度有关（注：胶管自身浮力和水的压强影响暂不考虑）。

式中　P_0——潜管内注入空气压强，Pa；

　　　D——管道外径，m；

　　　d——管道内径，m；

　　　h——管道长度，m；

　　　$\rho_水$——水的密度，kg/m³；

　　　$\rho_钢$——管道的密度，kg/m³；

　　　$G=9.8$N/kg。

在加气开始时，气压控制在0.1MPa左右，当潜管另一端开始出水后气压逐渐增加到满足潜管上浮的压力，直到潜管全部起浮为止。

4.4　潜管防淤埋措施

由于潜管横放在水底，受水流冲击作用，管道与水底接触造成水流受阻，水底泥沙集中沉淀在管体上游。并且潜管在施工时产生震动，使得管体周围的砂性土产生液化现象造成管体下沉，随着时间的推移潜管必然被淤埋，如果淤埋时间过长将使潜管无法正常起浮。因此，根据经验水下潜管需做定期起浮，其时间的确定须根据水的流速和泥沙的颗粒大小确定，一般每隔20～30d起浮一次为宜。起浮的方法是利用端点站的空压机向潜管内充气，使潜管形成起浮状态。具体操作如下：

（1）与航道管理部门协商确定具体时间和具体时段，即选择过往船只最少的时段临时封航2～3h。

（2）由航道管理部门在潜管上、下游各800～1000m处派监督艇执行封航任务。

（3）挖泥船在封航前先吹清水，完成管道泥浆清理；然后潜管脱泵并关闭端点站闸板阀，封闭潜管。检查合格后开启空压机向潜管内充气，使潜管上浮。

（4）当潜管起浮到7～8节或管线长度的1/3左右时开始向潜管内充水，使潜管形成驼峰式起浮状态。

（5）当空气全部通过潜管后，注意观察端点站的位置是否移动（指左右移动），若有移动应及时调整。

（6）按照潜管下沉工序下沉潜管，解除封航继续施工。

5　实际施工案例

中国电建集团港航建设有限公司孟加拉项目，总疏浚量为5948万m³，疏浚航道总长约13km，最大疏浚深度约29m，潜管敷设最深约15m。该项目采用海狸7025绞吸式挖泥船配12m长 ϕ700mm 的钢管加1.8m长的橡胶管组成水下潜管形式（潜管总长2100m）和海狸9029绞吸式挖泥船配12m长 ϕ900mm 的钢管加2.8m长的橡胶管组成水下潜管形式（潜管总长1900m）两种方案。潜管一端与陆上管连接，另一端通过接自浮管与浮管柔性连接，接头处分别抛迎水锚和背水锚以固定接头位置。在孟加拉项目中，将水下浮起潜管所置充气口置于挖泥船上，即充气口由传统潜管端点前移至浮管之前，实现了简化潜管端点设备布置、降低作业难度、提高作业安全性的目标。

另一处实例是中国电建集团港航建设有限公司卡西姆项目，疏浚土方量约530万m³，浚深约19m，施工过程中潜管敷设深度约12.5m，使用潜管最大长度达2800m，根据敷设潜管区域地形、水流等条件采用12m长 ϕ900mm 的钢管加2.8m长的橡胶管组成水下潜管。潜管一端与陆上管连接，另一端通过接自浮管与浮管柔性连接，接头处分别抛迎水锚和背水锚以固定接头位置，目前项目施工正常。

6　结语

水下潜管技术是解决挖泥船隔江取土施工最经济、最简洁、工期最短的方法，这一点在国内许多工程中已得到证实。水下潜管技术方法简单、技术成熟，在保护生态环境、减少施工对航道通航安全影响等方面具有明显优势，具有极高的经济效益和社会效益，应用前景极佳。

本栏目审稿人：张正富

基于 ANP 方法的装配式混凝土梁场施工风险因素研究

何伟量/中铁十八局集团第三工程有限公司

【摘　要】装配式混凝土的建筑施工可以大幅度降低安全隐患，对其进行风险因素研究具有重要意义。根据网络分析法的相关理论知识，构建装配式混凝土梁场的施工风险因素网络结构模型，研究了风险因素对混凝土梁场施工安全的影响，发现以梁场施工安全为主准则，物的因素为次准则，环境因素对物的因素影响最小，管理因素次之，人员因素对物的因素影响较小，技术因素对物的因素影响较大，物的因素对本身的影响最大；施工风险因素中管理因素影响程度最高，人员因素、物的因素和技术因素次之，环境因素影响程度最低，并针对不同影响因素提出相应的风险控制措施。

【关键词】ANP方法　混凝土梁场　风险因素　装配式

1 引言

建筑施工作业存在安全、能耗、污染等问题，并且具有长期性、复杂性、单件性和流动性的特点，如何进行转型升级逐渐成为亟须解决的问题。装配式混凝土建筑施工方式不仅符合建筑信息化、产业化的发展战略，而且有助于提高建筑品质和内涵，推动绿色建筑发展，已经逐渐成为建筑业的中坚力量，但是装配式混凝土建筑施工过程对施工技术、预制构件的生产作业具有更高的要求，并且需要多台设备与作业人员的精准配合，因此，展开对装配式混凝土建筑施工风险因素研究具有重要的现实意义。装配式混凝土建筑施工作业具有快节奏、大构件的特点，需要更精准、更先进的信息技术提高施工水平。孙雄分析了装配式房屋建筑设计在环保、工程质量保证和使用性能等方面的优势，能够解决许多传统施工存在的问题。华庆东深入研究了装配式混凝土构件存放与运输、预制柱吊装和外挂板吊装等问题，为相关研究提供了参考。李令令分析了BIM的装配式混凝土建筑构件系统设计关键节点，并提出优化BIM的装配式混凝土建筑构件系统设计方案措施。本文通过网络分析法的相关理论知识构建装配式混凝土梁场的施工风险因素网络结构模型，研究风险因素对混凝土梁场施工安全的影响，为相关研究提供了理论依据。

2 网络分析法

网络分析法（ANP）作为一种适用于非独立的递阶层次结构决策方法，能够避免层次分析法中需要假定同层次准则相当独立的短处，允许各准则之间存在内在关系，通过网络形式呈现其相关联系，能够更好地处理各种实际问题。ANP方法主要包括控制层和网络层，假设ANP网络层次结构控制层包括 n 个准则 B_1，B_2，$\cdots$，B_n，网络层含有 j 个元素集 C_1，C_2，$\cdots$，C_j，元素集 C_i 包括 n 个子元素 d_i1，d_i2，$\cdots$，d_in，以 C_i 中 d_in 相对于 d_j1 的重要程度进行对比建立判断矩阵：

$$A = \begin{vmatrix} a_{11} & a_{12} & \cdots & a_{1n} \\ a_{21} & a_{22} & \cdots & a_{2n} \\ \vdots & \vdots & & \vdots \\ a_{n1} & a_{n2} & \cdots & a_{nn} \end{vmatrix} \qquad (1)$$

判断矩阵的一致性通过一致性比率 CR 进行验证，假如 $CR < 0.1$，认为判断矩阵符合一致性检验要求，致性比率 CR 计算公式如下：

$$CR = \frac{CI}{RI} \qquad (2)$$

式中 RI——平均一致性指标；

CI——相容性指标。

通过计算判断矩阵 A 的特征向量 $W = (w_{i1}, w_{i2}, \cdots, w_{in})^{\mathrm{T}}$，构建未加权超矩阵 W_{ij}，如式（3）所示，W_{ij} 表示层次内部各因子对某个准则的排序。

$$w_{ij} = \begin{vmatrix} w_{i1}^{j1} & w_{i1}^{j2} & \cdots & w_{i1}^{jn} \\ w_{i2}^{j1} & w_{i2}^{j2} & \cdots & w_{i2}^{jn} \\ \vdots & \vdots & & \vdots \\ w_{in}^{j1} & w_{in}^{j2} & \cdots & w_{in}^{jn} \end{vmatrix} \qquad (3)$$

以未加权超矩阵为基础，将层次作为元素进行两两对比，得到加权超矩阵，计算得到指标的权重，如式（4）所示。

$$w_{ij} = B_{ij} \times w_{ij} \qquad (4)$$

式中 B_{ij}——第 i 个层次相对于第 j 个层次的影响权值；

w_{ij}——因素 i 对因素 j 的优势度。

加权超矩阵 W 不能反映因素之间的影响关系或复杂的跨层作用，通过进一步对 W 进行 n 次方迭代运算得到路径为 n 的优势度，当 $W^{\infty} = \lim\limits_{t \to \infty} W^t$ 时，得到极限超矩阵，表达各因素对目标的重要性权重。

3 施工风险因素研究

3.1 施工风险网络结构模型

目前，整个建筑行业都必须强制执行专项施工方案管理制度，对安全技术措施进行严格管理，用技术方案的依法合规可行性来保证施工的本质安全。就混凝土梁场而言，重要的风险因素包括：①必须从布置设计上排除梁场的环境风险，例如：地基的不均匀沉降、洪水、泥石流等；②承重结构/受力结构的设计和施工符合规范要求；③进场交通、场内交通和场地设置满足施工、堆放和装运要求；④施工机械的技术性能和操作程序满足施工强度和运行安全要求；⑤特种作业人员必须持证上岗；⑥梁场混凝土施工方案必须经过专家评审并经授权人批准；⑦施工之前的培训教育和技术交底制度；⑧施工过程中的监控、监督、检查；⑨施工场所符合安全标准化要求。为保证施工安全，所有风险因素都要识别并预防。

装配式混凝土梁场的施工风险因素网络结构模型由网络层和控制层构成，控制层不存在决策准则，只有目标。网络层从环境因素、管理因素、技术因素、物的因素以及人员因素五个因素进行施工风险分析，这五个因素之间存在单向影响或互相影响的关系，而每个因素由若干子因素构成，其中环境因素包括自然环境与作业环

境等三个因素，管理因素包括安全投入、安全组织管理等七个因素；技术因素包括吊装技术、施工工艺等五个因素；物的因素包括构件质量、设备管理等八个因素；人员因素包括安全动作、安全知识等六个因素，共计 29 个施工风险因素，利用 S_n 进行标记。通过将施工风险因素、子因素的名称、编码以及因素之间的相互关系输入 Super Decision 软件中，生成配式混凝土梁场的施工风险因素网络结构模型，如图 1 所示。

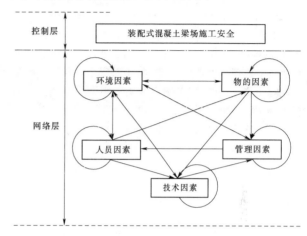

图 1 装配式混凝土梁场的施工风险因素网络结构模型

3.2 风险因素的影响

依据装配式混凝土梁场施工风险影响因素的网络结构模型，根据判断矩阵能够对存在影响与反馈关系的因素以及子因素之间进行重要程度的对比。以装配式混凝土梁场施工安全作为主准则、物的因素作为次准则为例，研究其他因素对物的因素的影响，结果见表 1。

表 1 以物的因素为次准则的判断矩阵

物的因素	A1	A2	A3	A4	A5	权重
人员因素 A1	1	1/4	1/3	2	7	0.14961
物的因素 A2	—	1	2	2	9	0.39692
技术因素 A3	—	—	1	4	7	0.30625
管理因素 A4	—	—	—	1	5	0.11613
环境因素 A5	—	—	—	—	1	0.03059

$$CR = 0.07352$$

由表 1 可知，该判断矩阵的 CR 值小于 1，能够通过一致性检验。在以物的因素为次准则下，环境因素对物的因素影响最小，管理因素次之，人员因素对物的因素影响较小，技术因素对物的因素影响较大，物的因素对本身的影响最大。子因素的判断矩阵以安全动作为例，物的因素对其重要性判断矩阵见表 2。

表2　安全动作次准则下物的组内因素的判断矩阵

安全动作	S1	S2	S3	S4	权重
设备状态 S1	1	1/6	3	1/7	0.08372
设备管理 S2	—	1	8	2	0.50080
构件堆放管理 S3	—	—	1	1/8	0.04312
构件状态 S4	—	—	—	1	0.37186
			$CR=0.06622$		

由表2可知，判断矩阵的 CR 值小于1，能够通过一致性检验。在物的因素组内，设备管理、构件状态对安全动作具有最大影响；设备状态对安全动作的影响较小；构件堆放管理对安全动作具有较小影响。

3.3　重要性分析

根据装配式混凝土梁场施工风险因素的极限超矩阵计算结果，得到其风险因素的权重因子，见表3。

表3　装配式混凝土梁场施工风险因素的重要性排序

风险因素	权重	排序	子因素	权重	排序
环境因素	0.0447	5	作业环境	0.02478	15
			自然环境	0.00294	29
			周围环境	0.00612	28
管理因素	0.3650	1	安全组织管理	0.14262	1
			安全教育培训	0.05815	5
			安全防护措施	0.02825	14
			安全技术交底	0.04762	8
			安全应急管理	0.01993	18
			安全监督管理	0.02258	16
			安全投入	0.08132	2
技术因素	0.1436	4	施工工艺	0.03201	13
			施工方案	0.06868	3
			吊装技术	0.01554	21
			安装技术	0.00852	26
			施工监测	0.02156	17
物的因素	0.1626	3	设备状态	0.01784	19
			设备管理	0.05673	6
			设备适用性	0.01180	25
			设备可行性	0.01678	20
			构件状态	0.01266	24
			构件质量	0.01321	23
			构件运输管理	0.03852	10
			构件堆放管理	0.03444	12

续表

风险因素	权重	排序	子因素	权重	排序
人员因素	0.2831	2	安全知识	0.03919	9
			安全动作	0.06458	4
			安全意识	0.03562	11
			安全习惯	0.05408	7
			安全心理	0.01517	22
			安全生理	0.00778	27

由表3可知，管理因素不仅包含施工管理方面对投入的财力、物力以及人力资源的分配，而且包括组织安排、管理决策以及管理层对施工安全的重视程度，科学、合理的组织管理可以提升梁场施工安全管理水平，减少人的不安全行为。人员因素包含从业人员心理、知识和行为习惯等因素，直接影响施工技术效果与物体安全状态，通过提高从业人员的作业水平，规范其安全行为习惯，可以做到有效地减少安全事故隐患。物的因素主要指预制构件与机械设备，机械设备定期检修以及预制构件安全运输与堆放有利于避免高空坠落、机械伤害和物体打击等事故发生。技术因素包括安装技术、吊装技术、施工监测、施工工艺与施工方案，不同的施工项目需要制订匹配的施工方案，选择特定的施工工艺，才能提高装配式混凝土梁场施工技术水平。环境因素主要指施工现场，合理规划施工现场，安全布局机械设备，科学划分作业区域可以降低风险隐患。

装配式混凝土梁场施工风险因素共计29个，按照其重要性划分为四个等级：重要级因素、次重要级因素、较重要级因素和微重要级因素。安全投入与安全组织管理作为重要级因素，不仅为施工安全管理工作提供资源保障，而且能够影响安全技术交底、安全教育培训以及安全防护措施等具体的实施效果。次重要级因素包括第3位至第18位的16个因素，通过安全应急管理、安全教育培训等因素可以间接影响构件设备管理、安全动作等因素，进一步为人、物和环境的安全提供保障。较重要级因素包括第19位至第27位的9个因素，其中施工方案、设备管理等因素能够直接诱发安全事故，影响施工安全。周围环境和自然环境也十分重要，具有难以改变、控制的特点，需采取安全防范措施，避免造成重大损失。

从分析结果来看，管理因素和人员因素对整个工程影响较大。因此，在装配式混凝土梁场施工阶段针对管理因素和人员因素应做好以下控制措施：①加强工作人员的安全意识，定期开展安全教育，在教育课程的同时增加一些趣味的实战演习，激发员工主动学习的积极性；②加强安全防护措施，对现场工作人员进行安全防护品使用培训，降低施工风险发生的概率；③提升工作人员的技术能力，定期开展专业技术知识大讲堂，聘请相关专家对一线人员进行手把手技术指导。物的因素对装配式混凝土梁场施工风险也有较大影响，针对这一风险因素应该做好以下措施：①合理布置临时支撑体系，临时支撑体系的稳固性对吊装作业的安全性和效率有着重要影响，在进行布置时应采用专门式支架，支架顶部称重件必须采用专用的小型钢，禁止使用枕木，并对支撑数量和间距进行严格的安全性计算，方案实施前要进行复核和监理审批，对于首次使用的支架，还要进行试压试验；②预制混凝土构件要进行标准化处理，规范构件的结构偏差、精度、强度、外观质量等，保证预制构件的质量；③不同预制构件的大小及承载力各异，应根据构件特性选择合适的操作作业平台和吊装设备，吊具与预制构件应达到完全匹配。技术因素方面应该做好以下措施：①确定合理的预制构件专业吊装作业方案，所有员工必须持证上岗；②吊装作业前，应利用 BIM 技术对现场构件装卸方案进行模拟并对原施工方案中的塔吊顶升、吊点位置进行优化，预演吊装作业方案可有效避免塔吊相互碰撞造成的风险；③可采用计算软件对构件下落情况进行模拟，预测构件坠落轨迹，提前做好防范措施；④建立施工阶段的评估模型，对装配式梁场施工阶段的安全性进行评估，并对时变结构体系的安全性能进行动态分析。环境因素方面应该做好以下措施：①必须从布置设计上排除梁场的环境风险，例如：地基的不均匀沉降、洪水、泥石流等；②实时关注天气预报，对于恶劣天气及时采取相应措施；③加强施工现在的照明，避免夜间施工发生安全事故。

4 结论

通过网络分析法的相关理论知识构建装配式混凝土梁场的施工风险因素网络结构模型，研究风险因素对混凝土梁场施工安全的影响以及对分析风险因素进行重要性排序，得到以下主要结论：

一是以装配式混凝土梁场施工安全作为主准则，物的因素作为次准则，环境因素对物的因素影响最小，管理因素次之，人员因素对物的因素影响较小，技术因素对物的因素影响较大，物的因素对本身的影响最大。

二是通过研究安全动作次准则下物的组内因素的判断矩阵，发现设备管理和构件状态对安全动作具有较大影响；设备状态和构件堆放管理对安全动作的影响较小。

三是必须强制执行专项施工方案管理制度，对安全技术措施进行严格管理，用技术方案的依法合规可行性来保证施工的本质安全。

参考文献

[1] 刘迪. 装配式混凝土建筑的安全施工管理 [J]. 建筑施工，2016，38（7）：991-992.

[2] 孙雄. 试论房屋建筑装配式混凝土结构设计及建造工艺 [J]. 建材与装饰，2019（34）：106-107.

[3] 华庆东. 装配式混凝土建筑结构施工技术要点探析 [J]. 建材与装饰，2019（32）：30-31.

[4] 李令令，尚传鹤. 基于 BIM 的装配式混凝土建筑构件系统设计分析与研究 [J]. 黑龙江科学，2019，10（20）：84-85.

[5] Malmir M，Zarkesh M M K，Monavari S M，et al. Analysis of land suitability for urban development in Ahwaz County in southwestern Iran using fuzzy logic and analytic network process（ANP）[J]. Environmental Monitoring & Assessment，2016，188（8）：447.

浅谈深大竖井内衬结构逆作法施工技术

张超魁 杨紫江/中国水电基础局有限公司

【摘　要】 逆作法是一项近几年才发展起来的新兴基坑支护技术。它是施工高层建筑多层地下室和其他多层地下结构的有效方法，在盾构施工中很少见，在深大竖井就更少见了。本文主要介绍穿黄工程北岸始发竖井和南岸盾构检修井的逆作法施工技术，以及取得的成效。

【关键词】 竖井 逆作法

1 工程概况

根据穿黄工程要求并结合盾构机始发、检修需要，分别在过黄河隧洞段两端设置工作竖井，其中北岸竖井担负着过黄河隧洞段盾构始发和隧洞与地面结构物衔接的施工任务，是整个穿黄工程最为关键施工项目之一。

北岸竖井里程为 9＋118.97，冠梁顶标高 106.0m，底板混凝土顶面标高 57.5m。竖井围护结构为 C30 钢筋混凝土地连续墙，内径 18m，厚 1.5m，深 76.6m。竖井内衬为圆形结构，衬砌内径 16.4m，开挖深度 50.1m。内衬为 0.8m 厚的钢筋混凝土（在标高 75.5m 以上浇筑 C30 钢筋混凝土，在标高 75.5m 以下浇筑 C50 钢筋混凝土），底板为 2m 厚的 C50 钢筋混凝土。采用逆作法施工，底板以下 10m 采用高压旋喷加固。

2 工程地质与水文气候条件

2.1 地质条件

北岸竖井段地质状况为：中上部为 Q。中等-强透水的粉细砂、含砾中砂，内衬施工时地下连续墙发挥了隔水防渗和固壁作用；下部为 Q，壤土层（顶板高程 44.2m，厚 15m）。北岸竖井地质纵剖面图见图 1。

2.2 水文地质

北岸竖井段水文地质：北岸竖井处于黄河河滩地，区内地下水及河水多为微硬～硬淡水，矿化度一般小于 1.0g/L，地下水对混凝土不具腐蚀性。北岸漫滩地下水位 92.62～101.74m，北岸冲积平原地下水位 88.5～90.9m，埋深 16.5～17.5m。

2.3 气候条件

北岸竖井所在温县属暖温带大陆性季风气候，四季分明，光照充足，年平均气温 14～15℃，年积温 4500℃以上，年日照 2484h，年降水量 550～700mm，无霜期 210d。

3 技术原理和特点

逆作法施工通过降低地下水、下部土体支撑底模传递的混凝土重量或通过预埋在上层混凝土内钢筋拉接刚性底模支撑混凝土重量；通过龙门吊及混凝土料斗垂直运输，防止骨料分离，人工入仓振捣保证了混凝土浇筑质量；采用分层浇筑混凝土均匀上升，保证了底模的稳定。使用特制的滑模，模板之间通过油缸伸缩将缝隙减小防止漏浆。

根据盾构设备型号，结合竖井之后要装修作永久利用，穿黄竖井逆作法施工技术体现以下几个特点：在竖井内进行作业，作业面狭小，垂直运输量大，交叉作业多；采用定做圆弧滑膜整体性高，不易跑模漏浆，立模效率高；混凝土垂直运输落差大，采用龙门吊及混凝土料斗垂直运输减少直至避免混凝土拌和物离析；人工入仓振捣确保混凝土的浇筑质量。

4 适用范围和施工流程

从工程实践来看，逆作法施工技术适用于以钢筋混凝土地下连续墙独立作为围护支撑结构的竖井内衬施工，不适用排桩独立作为围护支撑结构的竖井。

穿黄工程北岸竖井内衬包括底板在内共分冠梁、1～15 节、底板，共 17 节，分节高度 2.7～3.5m。施工

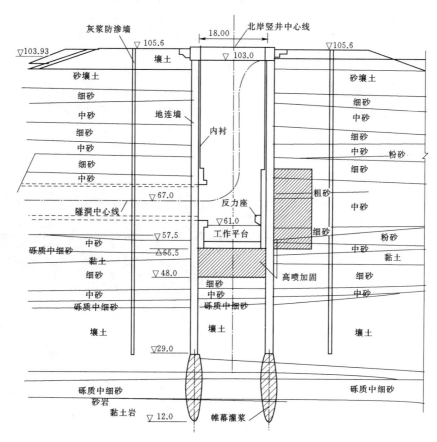

图1 北岸竖井地质纵剖面图（高程单位：m；尺寸单位：cm）

工艺流程如下：施工准备→土方分层开挖→开挖至设计调和，人工清理边侧基线→地连墙内侧和上节混凝土底板凿毛（测量检测）→底模安装、钢筋绑扎和止水铜片、预埋件安装施工→滑膜就位加固→混凝土浇筑振捣→混凝土养护→下一个循环。

5 技术施工要点

5.1 基坑降水

因为竖井位于黄河河漫滩，地下水位高，竖井除了地下连续墙及墙下的帷幕灌浆、黏土岩、地下连续墙接头部位采用高喷桩封堵止水、地连墙外设有自凝灰浆墙止水帷幕等止水措施外，还布置了6口降水管井，其中竖井外侧4口，竖井内侧2口（深63.6m）。

在竖井开挖前预先进行了降水试验，试验表明该管井降水能够满足竖井开挖的需要，开挖前10d开始抽水，保证了基坑降水周期。土方开挖至结束，整个基坑均处于受控状态，未发生不均匀沉降和超设计要求变形情况，降水效果明显。

5.2 土方开挖

竖井土方采用小型挖掘机开挖，门吊提升渣土料斗出井。单节内土方开挖采取分层、分块的方式进行。

土方开挖在平面上分为A、B两部分，在A区域进行土方开挖前，可在B区域沿地连墙内侧开挖沟槽（1.5m高×1.5m宽），为地连墙内侧凿毛创造施工条件；在垂直方向分为两部分，每层1.5～1.8m；降水井及地连墙周边0.5m范围和每节底标高以下30cm内采用人工辅助开挖，加强对降水管井和预留钢筋的保护。竖井基底以上30cm的砂土层以人工开挖为主，并严禁超挖及对原状土的扰动。加强观察和监控量测工作，通过监测反馈，及时调整开挖步骤，确保围护结构的安全。

每节土方开挖时间不等，随着深度，每节的开挖时间逐节增加，但各节都在24h之内完成。单节土方开挖完成后，小型挖掘机吊出竖井，为内衬结构施工提供场地。整个竖井土方纯开挖用时总长17d，开挖出井渣土12749m³，平均每天出渣土750m³，总经历日历天146d（冠梁开挖到底板开挖完成）。土方开挖平面示意图见图2，土方开挖剖面布置图见图3。

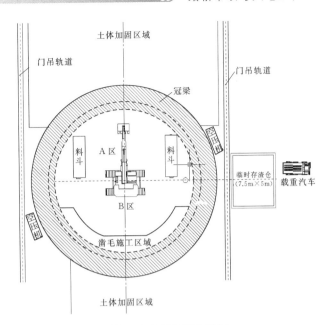

图2 土方开挖平面示意图

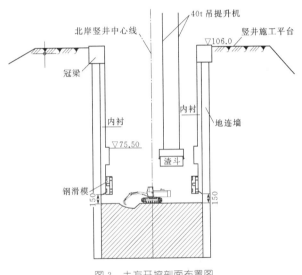

图3 土方开挖剖面布置图
（长度单位：cm；高程单位：m）

5.3 地下连续墙凿毛施工

地下连续墙内侧凿毛是竖井结构施工过程中的关键环节，在具备作业条件后要优先安排凿毛施工。凿毛施工前需通过测量确定不同部位需要凿除的深度，控制不同部位凿除的混凝土；凿毛高压风源为20m³的空压机，人工手持风镐凿毛，内衬墙与地连墙连接部分需要整体凿毛，以凿出新鲜混凝土面为宜；为了保证竖井内衬墙（800mm）厚度，地连墙墙体凿毛必须满足内衬外径18m的要求。

5.4 钢筋施工

竖井内衬作为较薄的钢筋混凝土结构物，从加工到安装，钢筋施工都是内衬施工中的一个很重要的环节。

竖、环向钢筋均采用套筒连接，由于内衬结构为全圆形，给环向钢筋的加工和安装都增加了不小的难度；尤其是在高程75.50m以下部分，钢筋规格不一且为异型结构，要对钢筋加工、安装偏差进行严格控制并合理安排钢筋安装绑扎顺序。钢筋绑扎施工顺序：内衬外排竖向主筋→内衬外排环向分布筋→内衬内排竖向主筋→内衬内排环向分布钢筋→内衬内外排拉结钢筋。钢筋的交叉点用铁丝绑扎牢固，平、直、弯部分的钢筋交叉点交错梅花形绑扎。底模（木模）和钢筋施工搭接进行，见图4。

图4 底模（木模）和钢筋施工图

5.5 预埋件和铜止水安装

预埋件和止水铜片的规格、尺寸，精确是必然要求。严格按照设计蓝图和施工需要确定预埋件和止水铜片的规格、结构尺寸。

按技术规范和设计蓝图标明的位置将预埋件固定在主筋上，体积大的预埋件施工时，增加点焊适当规格角钢，以防止位移；避免振动棒与预埋件接触，振捣时观察预埋件，及时校正预埋件位置。

紫铜止水片的现场接长采用搭接焊接，焊接长度大于20cm，双面焊接（包括"鼻子"部位），严禁采用手工电弧焊；紫铜止水片安装准确、牢固、其"鼻子"中心线与接缝中心线偏差为±5mm。

5.6 模板工程

模板虽然是辅助性结构，但在混凝土施工中至关重要。在土方开挖到设计高程后，整平、夯实基础，安装底模。竖井内衬底模施工示意图见图5。

模板有足够的密封性、承载能力、刚度和稳定性，

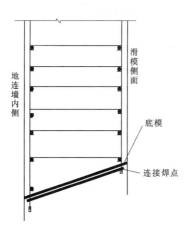

图 5 竖井内衬底模施工示意图

图 7 滑模施工现场图

能可靠地承受新浇混凝土的重量和侧压力,保证不漏浆和混凝土结构面平整,曲面光滑。

侧模板采用门轴式活动钢模板,整个结构由分环模板组成,每环高度根据节段组模,安装顺序自下而上进行,彼此用铰接活动丝杆相连,保证模板的稳定,其中两组设脱模接口,并与另一扇斜口接合。立模时,用销轴锁紧,呈整体闭合圆筒状结构。脱模时,拉开脱模门,模板绕轴转动收缩,由两台卷扬机各自通过平衡扁担同时起吊,滑模整体提升完成脱模(见图7)。模板面涂隔离剂,隔离剂选用水溶性脱模剂。

内衬结构钢筋绑扎经验收合格后,即可进行滑动模板就位调整。竖井滑动模板施工示意图见图6,滑模施工现场图见图7。

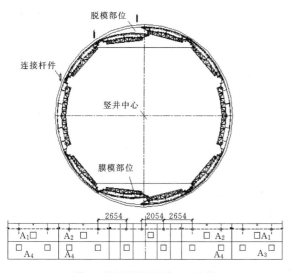

图 6 竖井滑动模板施工示意图

5.7 混凝土浇筑工程

竖井内衬混凝土工程是竖向的薄混凝土工程,比一般混凝土工程较为复杂,要求具备密实度高、收缩率

小、强度高、可灌性好的多种性能。在竖井开工前,试验室严格按设计要求进行混凝土的配合比设计,同时在现场经常抽测混凝土的坍落度,混凝土内掺入适量外加剂(减水剂和缓凝剂)。竖向随开挖分节从上往下;环向正、反两个方向浇筑,一次成环。

混凝土井内垂直运输,采用40t门吊提升机将混凝土料斗输送到竖井内混凝土泵,然后通过混凝土布料机送至滑模混凝土仓面。

浇筑前先将模板及施工缝处洒水湿润;混凝土浇筑连续进行,均匀上升,每层厚30～50cm,尽量避免层间间歇较长;如果遇特殊情况造成间隔时间接近或超过混凝土初凝时间时,则先在浇筑部位放入适量同标号砂浆,然后再浇筑混凝土并加强振捣;浇筑至两边对称,防止两侧混凝土面高差较大,形成两侧模板受力不均匀从而发生模板倾覆的安全事故;分节处上节混凝土底面应做凿毛处理,以保证上下节混凝土结合紧密;竖井内衬混凝土浇筑图见图8。

底板混凝土浇筑:基底素混凝土垫层施工前,人工开挖基底30cm厚预留保护层;对局部承载力不足或承载力与设计不相符的基底地层,采用基底换填等措施;垫层采用C20混凝土,人工推平,平板振捣器捣固;底板混凝土浇筑分别从一端向另一端推进,保证两侧浇筑同时进行,混凝土面高差不超过30cm,并力求下料均匀。底板厚200cm按30～50cm分层浇筑并捣实。

由于竖井内温度不高,内衬混凝土属于薄壁混凝土,浇筑不用采用特殊的降温措施,可以达到混凝土内外温差小于20℃;底板混凝土采取分层浇筑的方式,减缓浇筑速度,保证混凝土内外温差在20℃以下。

每节内衬混凝土浇筑时间随着深度逐节增加,但各节都在6h之内完成浇筑。混凝土浇筑后将混凝土泵和布料机吊出竖井,就可以开挖下一节土方。混凝土拆模时间为浇筑结束后7d,混凝土养护时间为14d,整个竖井内衬和底板混凝土浇筑用时总长 17×6h＝102h,16

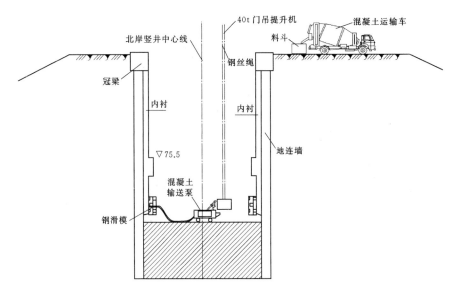

图 8　竖井内衬混凝土浇筑图

节内衬浇筑混凝土共 2175m³，底板混凝土 509m³，总经历日历天 146d（从第一节浇筑到底板浇筑完成）。从竖井开挖到内衬和底板混凝土浇筑、拆模完成总经历日历天 153d。

6　竖井测量

为确保测量成果能够满足设计和规范要求，在竖井主体结构施工前，由测量工程师对竖井施工测量所依据的平面控制精密导线网和高程控制网进行精密复核测量，对严密平差后的复测成果检验审查，合格后，方可进行施工放样等测量工作。

竖井在逆作法施工时，须将高程传递至基坑内，高程传递采用悬吊钢尺（鉴定后使用）的方法进行。

6.1　竖井施工方法

施工不同部位、不同阶段采用不同的测量方法。冠梁施工阶段内外模板的校正采用在竖井中心线定位，钢尺定点检查竖井内衬半径；冠梁混凝土浇筑过程中在冠梁内侧环向等距布置 10 个（滑动模板分 10 块）预埋钢筋；混凝土凿除前预埋钢筋上吊钢丝，用钢尺测量，确定该部位需要凿除深度，保证混凝土凿除到位；底板垫层浇筑完成后，在垫层上侧放样钢筋位置，进行钢筋绑扎。竖井测量示意图见图 9。

6.2　竖井施工测量精度保证措施

测量精度按 1mm 执行。固定专用测量仪器和工具设备；用于本工程的测量仪器和设备，按照规定的时限、方法送到具有检定资格的部门检定和校准，合格后方可投入使用；加强对测量使用所有控制点的保护，防止移动和损坏，或立即采取补救措施；建立测量复核制

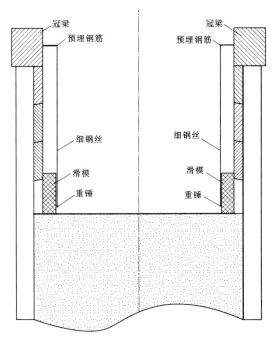

图 9　竖井测量示意图

度，按"三级复核制"的原则进行施测。经常复核测量控制点（导线点、水准点等）；外业手簿中的原始观测值和记事项目，一人记录，一人核对；完整的内业资料，必须一人计算，另一人复核。

7　工程量测

北岸竖井内衬施工属超深地下工程，为确保工程施工安全，在竖井结构中埋设的观测仪器共计 130 支，主要有渗压计、土压力计、钢筋计、应变计、无应力计、位错计和测缝计，在自凝灰浆墙安装 6 支渗压计。施工

过程中重点对自凝灰浆墙、地连墙、内衬结构的受力、变形等方面进行监测，利用监测的第一手数据，指导施工的具体组织，控制施工进度。

各项监测数据表明：竖井施工期间地连墙在径向与环向总体位移的绝对量和位移的速率均较小，环向累计位移为−2.9mm，径向累计位移为9.2mm；竖井施工没有造成地连墙内部产生大的应力变化，冠梁的沉降量很小，只有1mm，地连墙与竖井内衬之间的黏结牢固、稳定，最大开合度为0.14mm。各项监测值均小于设计值，这些数据充分说明竖井内衬施工是安全的。

8 竖井土方开挖和内衬结构施工强度分析

8.1 竖井土方开挖强度分析

竖井开挖采用1台0.8m³挖掘机开挖装渣到12m³渣斗内，40t门吊提升渣斗到地面临时存渣仓，再用装载机将渣土装入自卸汽车内。考虑渣斗的满载系数90%，渣土的松散系数1.4，则北岸竖井每延米的装渣斗数为：$9 \times 9 \times 3.14 \times 1.4/(0.9 \times 12) = 32.97$，取33斗。

竖井内均采用1台挖机挖土并装渣，装渣时间为2min，门吊提升渣斗至井口并移动到地面临时存渣仓，渣斗侧翻卸掉渣土后返回井口，下放渣斗到开挖面，考虑6min，则开挖、渣土外运均不占用竖井土方施工工序的直线时间，每开挖和出渣一斗的时间为8min。考虑施工时间利用率80%和综合设备完好率90%，则北岸竖井日开挖深度：$24 \times 60 \times 0.8 \times 0.9/(8 \times 33) = 3.93$（0.8为时间利用率，0.9为综合设备完好率），综合考虑竖井土方开挖过程中渗水外排等因素，综合施工效率为85%，即3.34m/d，满足强度指标要求。竖井开挖施工强度见表1。

表1　　竖井开挖施工强度表

日　期	施工强度/m³	所开挖节段	高程范围	
2006年8月	2315.67	冠梁、1~2	105.60~96.50m	
2006年9月	3053.63	3~6	96.50~84.50m	
2006年10月	2290.22	7~9	84.50~75.50m	
2006年11月	763.41	10	75.50~72.50m	
2006年12月	3053.63	11~14	72.50~60.50m	
2007年1月	1272.35	15~底板	60.50~55.50m	

8.2 内衬结构施工强度分析

地下连续墙内侧整体凿毛将会制约竖井施工进度，因此竖井施工过程中在不影响土方开挖和钢筋绑扎的情况下，优先安排地连墙凿毛施工；凿毛面积$3 \times (9 \times 3.14 \times 2) = 169.56m^2$，有效凿毛时间20h（总时间24h）保持4台风镐使用（1台备用，共计每班5台），每台风镐每小时凿毛面积为$169.56/20/4 = 2.12m^2$，现场施工内衬凿毛强度能够达到。

由于内衬施工竖向主筋焊接工作量之大，为了加快竖井进度，竖向主筋在规范允许的条件下采用滚轧直螺纹接头代替搭接焊接头，以减少钢筋绑扎所用时间。竖井结构施工单节进度如表2所示。

表2　　竖井结构施工单节进度横道图

工序名称	第1天	第2天	第3天	第4天	第5天	第6天	第7天	第8天
土方开挖	▬							
内墙凿毛		▬	▬	▬				
底模安装				▬	▬			
钢筋绑扎						▬	▬	
滑模就位								▬
混凝土浇筑								▬

9 竖井内衬施工质量

完工验收内衬结构尺寸为环状圆柱体，内径(18000 ± 10)mm，符合设计要求；平整度偏差4mm，符合《混凝土结构施工质量验收规范》（GB 50204—2015）规定的现浇混凝土构件成型后表面的平整度偏差为8mm的要求；内衬结构未发现有大于0.5mm的裂缝，但有宽度小0.5mm的裂缝，用化学灌浆进行了处理。

10 结语

经过精心组织，竖井内衬底板、混凝土浇筑质量优良，在竖井内衬施工后，检查没有发现渗水，质量评定为优良，确保了穿黄隧洞的顺利掘进。目前南水北调中线通水已经6年了，多年竖井结构内预埋仪器监测竖井整体结构正常。

该施工技术主要针对钢筋混凝土地下连续墙作独立支撑结构的竖井内衬施工，有极强的操作性和适应性，属于特种作业的一种工艺，对正在兴起的过江、过河盾构竖井施工有重要参考价值。

摩洛哥拉巴特绕城高速公路截水沟施工技术

袁幸朝　陈丽萍　黄红占/中国水利水电第五工程局有限公司

【摘　要】　在高速公路的修建过程中，排水的问题直接关系到公路工程整体的强度和稳定性，其中截水沟是防排水工程的一种重要措施。本文结合摩洛哥拉巴特绕城高速公路项目截水沟施工实践，遵循法国CCTP技术规范，采取了截水沟结构的设计优化、开挖一次成型装置的设计制作等针对性的技术措施，降低了成本，保证了质量，提高了施工效率，可供类似工程借鉴。

【关键词】　高速公路　截水沟　快速成型　纤维混凝土

1　工程概况

截水沟是公路排水系统常用的排水设施之一，它用于拦截公路沿线倾向路界的自然坡面和人工坡面的地表雨水，以减少水对公路结构和使用性能的侵害。挖方路基的堑顶截水沟应设置在坡口5m以外，并宜结合地形进行布设。

摩洛哥拉巴特绕城高速公路是连接摩洛哥第一大城市卡萨布兰卡至拉巴特现有高速公路及出城公路，对进出拉巴特的车辆进行分流，可以改善摩洛哥东部及北部经济核心地区的交通状况，并起到摩洛哥南北、东西交通大动脉的枢纽作用。该公路主线全长42.9km，其中排水工程截水沟总长为54450m。

所处位置为摩洛哥北部，地形复杂。施工沿线地势蜿蜒曲折、沟壑险峻，穿越高山深谷。全线地质结构复杂，大部分地质岩石为沉积岩，局部存在薄层石膏条带。很多地方是各种岩石以互层形势交叉呈现，而且局部存在断层，边坡稳定性差。截水沟施工条件困难，成本高，按照当地常规工艺无法满足要求。因此，经过多番论证和现场模拟，设计优化了一种陡坡地形段截水沟结构，发明加工制造了一种截水沟开挖快速成型铲斗，同时创新采用纤维混凝土替代钢筋混凝土进行截水沟的浇筑施工，缩短了工期，降低了成本，保证了质量，极大地提高了施工效率。

2　施工准备工作

2.1　截水沟结构优化设计

根据摩洛哥项目合同专用技术条款CCTP的规范，高速公路工程项目包括LotA：建点、设计、测量和控制；LotB：清障剥离、土方、排水、植被；LotC：路体；LotD：桥隧构造物和土建四大块施工内容；其中LotA中的设计指的就是补充设计。在国际公路工程中业主提供的所有施工图纸中涉及LotC和LotD的图纸是可以直接用于施工的，但涉及LotB的施工图纸都需要在原设计图的基础上进行合理的补充设计。

项目所处位置地形复杂，施工沿线地势蜿蜒曲折、沟壑险峻，穿越高山深谷，截水沟施工条件困难。遵循技术条款CCTP，该高速公路截水沟的设计为倒T形，如图1所示。

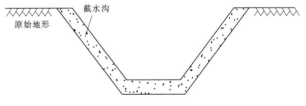

图1　截水沟原有设计图

因此，为加快进度，节约成本，在不改变原有设计形状和断面的前提下，根据实际情况优化设计了一种用于公路陡坡地形的截水沟结构，在原有的结构上增加了消能坎，获得了监理、业主的批准，如图2所示。

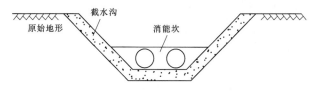

图2　截水沟优化设计图

为增加过流面，消能坎上设置有左右对称的两个圆孔（可根据实际情况改变大小），消能坎垂直于水流方向。消能坎和截水沟同时浇筑，形成一个整体，消能坎一般每10m布置一道，根据地形陡峭情况或汇水情况可以适当加密或者减少。该优化结构在最大限度上保证过流量（以该项目采用截水沟型号为例，消能坎高度为10cm，过流孔直径为6cm几乎不影响过流面积）的情况下，根据水流计算水流速度约降低25%，能有效对截水沟内的水流进行消能，降低水流流速，降低截水沟材质要求，无须采用高标号抗冲耐磨混凝土，同时可以避免在出口设置消能防冲设施，其结构简单，施工便捷，经济可行。

2.2　快速开挖成型铲斗的设计和加工制作

该高速公路截水沟的设计为倒T形，现有的施工机械无法一次开挖成型。当地常规工艺都是先由测量放线定位出截水沟的中线或轮廓，之后采用小型轮式机械（如两头忙）先沿中线开挖出大致形状，再配合大量的人工和测量人员逐步修整成型。在地形条件复杂的路堑地段，小型机械无法进入，只能全部依靠人工使用铁锹等最原始的工具完成，效率非常低下。

经过研究和现场模拟，利用履带式液压挖掘机的行走能力和开挖动力，设计制作了截水沟开挖快速成型铲斗，包括下斗体和上斗体，下斗体的底部固定设有铲牙，上斗体的上部固定设有连接板，连接板上设有连接孔，下斗体的截面为倒置的梯形结构，截面尺寸和截水沟尺寸保存一致，如图3和图4所示。配置该铲斗进行截水沟的开挖，能一次开挖成型，效率大幅度提高。本结构具有结构简单、易加工、可靠，与液压挖掘机连接方便、快捷、效率高、经济性好等特点。

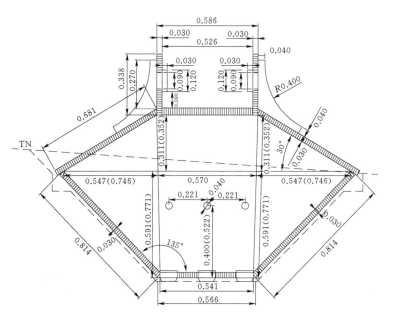

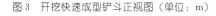

图3　开挖快速成型铲斗正视图（单位：m）

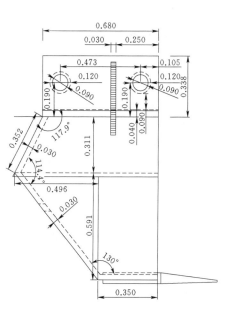

图4　开挖快速成型铲斗侧视图（单位：m）

2.3　纤维混凝土配合比的设计

根据专用技术条款CCTP规范的要求，截水沟等排水工程可以采用C20/25钢筋混凝土或纤维混凝土进行浇筑。通过调研发现，当地普遍都是采用钢筋混凝土施工，监理和业主都倾向于采用钢筋混凝土施工，纤维混凝土施工没有先例。其中，钢筋混凝土截水沟施工过程中有钢筋网制作、安装，施工进度慢，验收环节复杂，而且钢筋混凝土施工成本高。对于不承重的截水沟来

说，纤维混凝土能显著地改善混凝土的抗拉、抗弯、抗冲耐磨性能，具有较好的延性，更适合用于截水沟的浇筑。因此，经过充分研究论证，项目进行了纤维混凝土配合比设计，进行了试验段的浇筑，并取得了良好的效果，通过了监理、业主的批准。项目采用马拉喀什生产的CPJ45普通硅酸盐水泥，水泥用量280g/m³，用水量175kg/m³，减水外加剂4.48kg/m³，坍落度为90～120mm，混凝土圆柱体28d抗压强度约20MPa。混凝土配合比设计见表1。

表1　　　　　纤维混凝土配合比表

单位材料用量/(kg/m³)							
水泥	水	海砂	机制砂	小石	中石	外加剂	玻璃纤维
280	175	340	595	420	635	4.48	0.9

注　摩洛哥项目合同专用技术条款CCTP中规定，海砂在其氯离子含量超过规范规定时，在进行合适的水洗后能获得满足标准混凝土和灰浆的情况下，承包商在其质控文件中提出相应的使用条件并上报监理批准后可以使用海砂。

3　施工操作要点

3.1　施工放样

截水沟的施工放样一般采取分段施工、分段放样的方式。一般情况下是将两个结构物之间的长短作为一个放样单元，这样可以确保截水沟与结构物的进出水口顺畅连接。为了确保放样的精确性，截水沟的测量放样应采用全站仪等先进仪器，一般情况每10m设置一个控制点，地形复杂情况适当加密，测量放样应确保沟体线形美观，直线线形顺直，曲线线形圆滑。

3.2　截水沟开挖

由于采用安装快速开挖成型铲斗的反铲进行开挖，铲斗的尺寸和截水沟的结构是一致的。所以，不需要对截水沟的内外轮廓线放样，只需要简单的放出中线的位置就可以了。中线放样完成之后，采用白灰在地面上做好标记，进行截水沟沟槽的开挖施工。开挖施工以机械（液压反铲）为主，人工为辅。在开挖过程中，成型装置上正中间的斗牙对准白石灰线向下开挖，利用电子水准仪控制开挖深度，当开挖到达距设计尺寸5～3cm的位置处，为避免对沟底和坡面的原土层造成较大的扰动，改用人工进行少许精修，不再需要进行沟槽的成型施工，就可以一次性达到设计、施工要求。开挖完成之后，进行基底整平，如基坑内壁有松动的土石或树根应进行清除后并夯实。

3.3　模板安装

根据规范要求，截水沟每6m需要设置一道收缩缝，每30m设置一道膨胀缝。自行设计加工制作了多套和截水沟断面型式一致的端头木模板。木模板上安装有定位钉，定位钉上可拉纵断面线，控制浇筑体型。陡坡地形区段，消能坎的模板，采用木模板进行定型加工，安装的时候采用插入钢筋进行定位和固定。

3.4　纤维混凝土的浇筑

模板验收完成之后，可进行纤维混凝土的浇筑。按照6m设置一道伸缩缝的要求，按6m一个仓位进行分块、跳仓浇筑，端头不足6m的部分按照6m的要求进行。浇筑混凝土工艺严格按照相关规范要求进行，消能坎和截水沟同时浇筑成型。浇筑过程中，利用两端模板上的定位钉进行拉线控制体型。混凝土浇筑完毕先用木刮杠满刮两遍，然后用铁抹子收光压实，最后一遍收光应在混凝土初凝前完成。初凝后，进行纤维混凝土的养护，采用湿麻袋遮盖，并经常洒水养护，以保证混凝土内部充分水化，防止混凝土开裂，养护时间按照规范要求。

3.5　灌缝

第一次跳仓浇筑的混凝土养生完成之后，拆除端头模板，当模板的位置为设置膨胀缝的位置时，垫入PVC泡沫板，进行截水沟剩余板块混凝土的浇筑，剩余板块的混凝土达到规定强度之后可清除PVC泡沫板进行灌缝。灌缝材料采用沥青麻丝灌缝，塞实料塞满保证其良好的防水性。灌缝施工之前，要确保PVC泡沫板清理干净，无杂物，灌缝饱满且深度要满足要求。

3.6　流水线验收

排水沟灌缝完成后，测量检测员按照规范要求进行排水沟高程测量验收，测量验收合格后，然后在排水沟上游注入适量水，观察其水流是否顺畅，是否存在局部积水渗水情况；发现问题立即进行原因查找并处理。

3.7　质量控制

在截水沟的施工过程中，应安排专职质检人员对施工质量进行检测，及时发现施工中的问题，以确保工程质量，具体表现在以下几个方面：

（1）应严格控制快速开挖成型铲斗的加工制作尺寸，施工前进行断面检查，确保开挖成型效果。

（2）严把材料关。施工中所用水泥、砂、玻璃纤维、水的质量和规格必须符合规范要求。

（3）截水沟开挖完成一段后，要按标准进行线位、高程、平整度、断面尺寸等检测；混凝土浇筑完成之后，需要检测断面尺寸，沟壁浇筑厚度、沟底宽度、流水线不符合要求，坚决返工处理。

参照项目合同专用技术条款CCTP的规范、法国现行规范公路排水系统设施技术指南要求，具体质量标准见表2。

表2　　　　　允　差　标　准　表

控制点	平面位置	高程	混凝土厚度
允许误差	±5cm	±2cm	±1cm

4　应用效果

通过采用开挖快速成型装置，能一次将异型截水沟开挖成型，只需要人工做少量清理就可以达到验收条件，而且大幅度提高了工作效率。对比当地常规的截水沟开挖施工工艺，八名普通力工、一名电子水准仪测量员配合机械施工，根据地质条件的差异一个工作日平均可以完成30~60延米；而采用快速成型装置的液压反铲进行施工，只需要配置两名普通力工、一名电子水准仪观察员，平均一天可以完成140~200延米，工作效率提高了将近4倍，而在地形和地质复杂的地方，工作效率提高得更为显著。

自行设计的公路陡坡地形的截水沟结构的应用，能有效地对截水沟内的水流进行消能，降低水流流速，降低截水沟材质要求，可以避免在出口设置消能防冲设施。

采用玻璃纤维混凝土替代钢筋混凝土进行截水沟施工，大幅加快了施工进度，效率提高了近2倍；同时降低了施工成本，仅节约材料费就达188万DH（约132万元人民币）。该高速公路项目截水沟长度为54450m，投标钢筋含量7.51kg/m，实际钢筋含量10.3kg/m，多耗量2.79kg/m，亏损2.79kg×9.5DH/kg＝26.5DH/m；投标纤维价格80DH/kg，含量0.3kg/m，实际纤维价格49DH/kg，含量0.328kg/m，多耗量0.028kg/m，成本降低0.3kg×80DH/kg－0.328kg×49DH/kg＝8DH/m。共计成本降低26.5DH/m＋8DH/m＝34.5DH/m，本

项变更效益约188万DH，经济效益显著。

5 结语

摩洛哥拉巴特绕城高速公路工程2010年11月1日开工，2016年8月31日竣工验收，截水沟施工结合现场实践，采取了结构的设计优化、开挖一次成型装置的设计制作、纤维混凝土替代钢筋混凝土进行浇筑等针对性的技术措施，提高了施工效率，节约了施工成本，取得了良好的经济效益和社会效益，工程经历了多个雨季的考验，运营状况良好，技术实用、成熟可靠，可为类似项目提供借鉴。

参考文献

[1] 袁幸朝，向文龙. 摩洛哥伊阿高速公路后期排水工程管理实践 [J]. 中外公路，2014（3）：73－75.

[2] 杨帆. 公路工程截水沟排水施工技术 [J]. 华东公路，2015（2）：48－49.

[3] 陈丽萍，袁幸朝. 摩洛哥拉巴特绕城高速公路补充设计工作综述 [J]. 四川水利，2017（2）：93－95.

[4] 陈丽萍，袁幸朝，黄红占. 摩洛哥拉巴特绕城高速公路圆形带底检查井施工工艺 [J]. 水利水电施工，2017（6）：87－89.

浅谈燃煤锅炉燃烧设计中减少氮氧化物生成的技术

史国梁/中国电建集团山东电力建设第一工程有限公司

【摘　要】 本文针对电厂燃煤锅炉较高 NO_x 排放的实际情况，详细分析了通过优化锅炉燃烧系统设计来有效减少 NO_x 生成的技术措施，给出了锅炉燃烧设计中降低 NO_x 排放的技术方法，为燃煤锅炉燃烧设计提供指导。

【关键词】 燃煤锅炉　设计　氮氧化物　技术研究

1 引言

在新型冠状肺炎疫情全球肆虐的大背景下，中国各省面对经济下行的巨大压力，最近相继推出庞大投资计划。在这新一轮大基建中，国投上饶、华能晋北、粤电博贺、山东能源灵台等一大批百万千瓦级煤电机组在各地陆续上马。截至 2019 年年底，火电装机容量超过全国总装机容量的 60%，火电发电量占比超过 70%。从该数据可以看出，中国能源结构在较长一段时间仍将以化石燃料为主体，其他清洁能源为辅助。而在化石燃料中，煤又是主要的能源支柱。

煤电作为国家主体能源，其发展将面临严重的环境约束。锅炉燃烧后的污染物比石油、天然气等大几倍甚至几十倍，严重污染了大气环境。其中，燃煤排放的 NO_x 污染物占总排放量的 67% 左右。因此，实施煤电 NO_x 污染物排放控制异常重要。为了有效地控制大气的污染源，降低大气的污染程度，我国于 2012 年 1 月 1 日后执行更新的《火力电厂大气污染排放标准》（GB 13223—2011），其中规定对于单机容量大于 65t/h 的新建燃煤电站锅炉，烟尘、二氧化硫和氮氧化物（以 NO_2 计）的排放限值分别为 $30mg/m^3$、$100mg/m^3$ 和 $100mg/m^3$。在开发程度较高、环境容量较小、生态环境较脆弱、容易发生大气污染的地区，排放浓度限值更为严格，烟尘、二氧化硫和氮氧化物（以 NO_2 计）的排放限值分别为 $20mg/m^3$、$50mg/m^3$ 和 $100mg/m^3$。

鉴于国家对环保政策的日益趋紧，燃煤锅炉 NO_x 控制工作变得越发重要。其控制措施主要分为两类：第一类是控制燃烧过程中 NO_x 的生成；第二类是把已经生成的 NO_x 通过某种手段再还原为氮气。第一类控制燃烧过程中 NO_x 的生成方案对节约投资和运行成本非常有利，所以本文主要就该方案中第一类技术进行研究与探讨。

2 燃煤锅炉燃烧生成 NO_x 的原理

煤粉在锅炉燃烧过程中产生的 NO_x 主要是一氧化氮、二氧化氮和氧化亚氮。其中：一氧化氮占比 90% 以上，二氧化氮占比 5%~10%，但在大气中，一氧化氮会迅速氧化成二氧化氮；氧化亚氮生成量约占 1%，但其由于对温室效应及臭氧层破坏起着较大的作用，近年已日益引起人们的重视。

煤粉在锅炉燃烧过程中产生的 NO_x 可分为三种类型，即热力型、瞬间型和燃料型。热力型 NO_x 是空气中氮分子高温条件下形成的产物；瞬间型 NO_x 则是产自碳氢基与分子氮快速反应形成的化合物，然后转变为 NO_x；燃料型 NO_x 是煤中有机结合氮被氧化后生成。研究表明，在未加控制（不分段）的煤粉燃烧中，燃料型 NO_x 占总排放量的 80%。

3 燃烧设计中减少 NO_x 生成技术分析

早期燃烧设计主燃烧器采用浓淡分离的燃烧理念。该时期由于燃烧技术以着火、稳燃为主要目的，且国家对环保要求相对较低，故整个燃烧系统在设计时对 NO_x 排放考虑较少。2005 年以后，随着国家对大气环境要求的日益提高，300MW 等级以上亚临界锅炉燃烧器普遍采用燃尽风燃烧器（分级燃烧技术），使 NO_x 排放值降至 400mg/Nm³ 以下（折算到 6% 含氧量）。2007 年引进低氮燃烧器后，锅炉运行 NO$_x$ 整体排放水平在 200～250mg/Nm³。进入 2010 年以后，为了满足环保政策升级后的要求，在锅炉燃烧设计中通过引进先进燃烧器技术对原有的燃尽风系统进行优化，使 NO$_x$ 排放水平继续降低至 130～160mg/Nm³ 水平。

目前，在现有技术的基础上，将继续对原有的燃烧设计进行优化，采取燃尽风上下层布置的方式，向着 NO$_x$ 排放更低的目标前进。

3.1 燃烧器低氮改造技术

该技术的主要特点是根据煤粉在炉内的燃烧过程及其 NO$_x$ 释放规律，设计采用强化着火喷嘴、合理配风以及添加辅助偏转风等方式，成功实现煤在炉内的高效与低 NO$_x$ 燃烧。

在燃烧器喷嘴设计上选用适合燃用煤种特点的强化着火的煤粉喷嘴，煤粉喷嘴能使火焰稳定在喷嘴出口一定距离内，使挥发份在富燃料的气氛下快速着火，保持火焰稳定，从而有效降低 NO$_x$ 的生成，延长焦炭的燃烧时间，如图 1 所示。

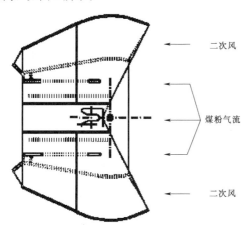

图 1　强化着火的煤粉喷嘴示意图

燃烧器出口设计为非流线体结构，在风粉混合物排出后产生回流从而推迟同二次风混合，增大了烟气在挥发份燃烧区的停留时间，也增加了还原反应时间，使整个煤粉气流基本处于一个还原性氛围下。最终使更多的燃料氮被还原成 N$_2$，在燃烧器出口附近形成局部分级燃烧，使 NO$_x$ 的生成量减少，如图 2 所示。

在设计中，根据工程实际煤质特性选取合理的燃烧器布置型式及位置，对燃尽风风道的阻力与主燃烧器的阻力匹配进行核算，优化风道型式及布置，可有效减少 NO$_x$ 生成。

3.2 燃尽风改造技术

以减少挥发份氮转化成 NO$_x$ 为目的，燃尽风设计中建立早期着火并采用控制氧量的燃料/空气分段燃烧

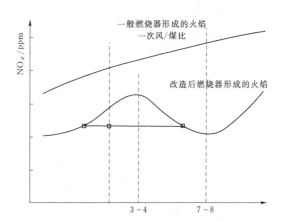

图 2　低氮燃烧器控制 NO$_x$ 生成原理图

技术来达到减少 NO$_x$ 生成的目的。在早期燃烧阶段，为降低挥发氮物质形成时的氧量，设计把整个炉膛内分段燃烧和局部性空气分段燃烧时降低 NO$_x$ 的能力结合起来，在初始的富燃料条件下促使挥发氮物质转化成 N$_2$，从而达到总的 NO$_x$ 生成量减少。

设计中在炉膛的不同高度布置两级燃尽风，将炉膛分为高温燃烧区、NO$_x$ 还原区和燃烧完结区三个相对独立的部分。因每个区域的过量空气系数由总燃烧风量、两级燃尽风风量的分配以及总的过量空气系数三个因素控制，所以通过优化每个区域的过量空气系数，可有效减少 NO$_x$ 生成量。

设计将大量二次风从两级燃尽风喷嘴送入，以实现分级燃烧，使燃烧区形成低过剩空气系数和弱还原性气氛燃烧，从而使 NO 还原为 N$_2$，减少燃料型 NO$_x$ 的生成。另外，因燃烧后期有大量的二次风使燃烧温度降低，从而抑制了热力型 NO$_x$ 的生成；如图 3 所示。

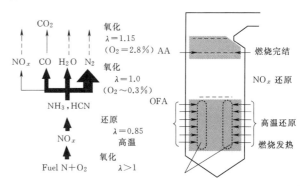

图 3　通过过量空气系数控制 NO$_x$ 排放原理图

设计中将燃烧器一次风间距拉大，燃尽风布置在燃烧器上部，使燃烧器总高度加大以减少燃烧器区域热负荷，使火焰温度降低；同时通过燃尽风风口实现均等配风，使燃烧器的燃烧区供风量均等，无燃烧强烈和温度尖峰区域，燃烧区的热力状态均衡，从而减少了 NO$_x$ 的生成量。

3.3 切向燃烧技术

设计采用切向燃烧技术，燃料进入炉膛后沿切向动态旋转上升 1.5～2.5 圈后流出。因从角部进入炉膛的煤粉和二次风之间的混合率相对较低，部分挥发份的析出和着火只在缺氧的开始燃烧区内发生，因此对减少 NO_x 的生成量非常有效。

墙式燃烧技术使用单独布置的自稳燃型燃烧器，其燃料和二次风的混合率同炉膛整体的流场无关，所以墙式燃烧技术始终存在使 NO_x 生成的局部高温和高氧区。而切向燃烧时烟气充满度高，能充分利用炉膛容积，燃料在炉膛内的停留时间较墙式燃烧技术要长，对减少 NO_x 生成量有利，见图 4。

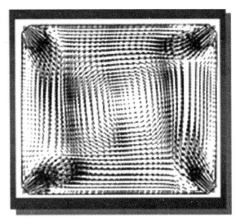

（a）切向燃烧

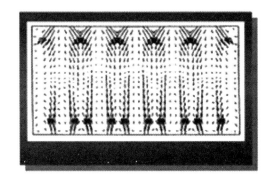

（b）墙式燃烧

图 4　切向燃烧和墙式燃烧空气动力结构对比

4 结语

本文就如何在燃煤锅炉燃烧设计中减少 NO_x 生成的技术进行探讨，介绍了燃煤锅炉燃烧生成 NO_x 的原理，并重点对燃烧设计中如何控制 NO_x 的生成进行了分析，并提出了燃烧器低氮改造、燃尽风改造和切向燃烧三项技术。除了本文介绍的从锅炉燃烧设计中来控制 NO_x 的方法外，还可以把已经生成的 NO_x 通过脱硝设备再还原为氮气的方法，主要有选择性催化还原技术和

选择性非催化还原技术两种。在实际工程设计中，应综合运用上述多种措施的组合，以达到满足环保对 NO_x 排放限值的要求。

参考文献

［1］岑可法，姚强，等. 燃烧理论与污染控制［M］. 北京：机械工业出版社，2004.

［2］黄新元. 电站锅炉运行与燃烧调整［M］. 北京：中国电力出版社，2003.

建筑物下站内狭小空间盾构机拆解技术研究

毛宇飞/中国电建集团铁路建设有限公司

【摘　要】　随着国家城镇化的快速推进，城市的交通压力也越来越大，修建城市地铁的施工环境也相对较为复杂多变，导致施工过程中不断涌现新的工况、新的工艺工法。本文就在建筑物下狭小密闭空间内如何拆解盾构机提供了一种新的思路，通过将盾体设计为装配式组件有利于拆解，拆解过程中采用盾构自身的顶推油缸分别顶推刀盘、前盾、中盾，外加两台大吨位千斤顶顶推尾盾出隧道，并逐节分块切割，从而实现盾构机在狭小密闭空间环境下的顺利拆解。

【关键词】　狭小密闭空间　盾构机　拆解技术

1　引言

随着国家城镇化的快速推进，城市人口不断增长，城市的交通压力也在增加，修建城市地铁的施工环境也变得相对复杂多变，导致在地铁施工过程中会遇到各种各样的复杂工况，不断涌现出新的工艺、工法。博工区间盾构掘进完成后现场没有吊出条件，既有博物馆站已经封闭并在运营，完成盾构接收后需要在既有运营博物馆站端头井内进行盾构机拆解，然后再将拆解部件通过隧道逐块运输至始发井吊出，重新焊接组装，再进行二次下井始发。

2　工程概况

博物馆站—工人文化宫站（简称博—工）区间位于哈尔滨市南岗区，主要沿国民街、中山路敷设，左线采用盾构法施工，右线采用盾构法＋矿山法施工，在马家街与国民街交叉口设置盾构吊出竖井。区间右线起点里程 SK19＋418.280，终点里程 SK20＋598.223，全长1179.943m，其中矿山法长 361.7m；左线起点里程 XK19＋418.280，终点里程 XK20＋598.223，长链1.582m，全长1181.524m。区间上部道路狭窄，两侧建筑物众多，左线正穿15栋、侧穿26栋；右线正穿6栋、侧穿15栋，正穿距离建筑物基础底最小 5.5m、最大12.2m；侧穿距离建筑物基础水平距离最小 0.44m、最大16.7m。区间纵向呈 V 形布置，最大坡度29‰，隧道埋置较深，其结构顶覆土厚度 7.6～16.3m。隧道上覆杂填土、粉质黏土和粉细砂，隧道主要穿越细砂层、中砂层和粉质黏土层。

博—工区间线路出博物馆站后以两个 $R＝1200m$ 半径反向曲线由国民街路北侧转至路中穿越，过马家街、光明街、河沟街后以 $R＝450m$ 半径曲线下穿马家沟河，过永和街后以 $R＝450m$ 转至中山路下穿越，区间纵坡大体呈 V 形，以 2‰坡出博物馆站后，采用 480m 长29‰、350m 长 3.94‰下坡至最低点，再以 250m 长25‰接至工人文化宫站。2017 年 5 月 15 日 15 号盾构由工人文化宫站始发，2017 年 11 月 30 日到达博物馆站接收，2018 年 1 月 5 日盾构解体完成，2018 年 3 月 1 日重新组装完成调试进行二次始发掘进右线，2018 年 7 月31 日到达竖井接收吊出。

3　盾构拆解背景

博物馆站位于哈尔滨市中心商业区，因博物馆站为既有地铁 1 号线运营站，2 号线与 1 号线在此站换乘，并由 1 号线代建，早已形成封闭空间，且在盾构井端头位置距车站主体结构 5.5m 处有一栋 10 层砖混结构汉庭酒店和 1 号线车站出入口位于端头加固区域内，东大直街为双向八车道主干道，交通十分繁忙，端头无垂直加固条件，盾构无地面吊出条件。因此，博—工区间左线盾构到达博物馆站后，须在车站盾构端头接收井内进行解体，将解体部件经盾构隧道逐件运输至工人文化宫站始发井吊出。盾构端头接收井有效空间尺寸为长 5.2m，宽23.7m、层高7m。接收井长度小于盾体长度，无法完成一次性顺利接收，需要采用接收一节拆解一节，直至盾尾全部脱出隧道。盾构在穿越和长时间的拆解过程中对周边环境影响较大，为确保房屋建筑的安全，采用了大管棚＋水平注浆的加固方式对端头土体进行了加固。

3.1 汉庭酒店安全性分析

汉庭酒店位于盾构隧道洞门正上方，此建筑年代久远，基础条件较差，为毛石基础，距离洞顶仅5.5m，地质为粉质黏土层。为确保盾构下穿及长时间停机拆解时此建筑物的安全性，采用数值模拟工况，建立土的本

构模型——Hardening-Soil模型分析，利用PLAXIS计算软件计算。

得出结果为：盾构隧道施工引起的地层损失率按0.5%计，引起的最大沉降5.68mm，最小沉降0.88mm，沉降差4.80mm，倾斜0.15‰，水平位移0.83mm。通过采取相应措施后，汉庭酒店总体沉降、差异沉降、倾斜等数值均小于标准控制值，此建筑物是安全的。

监控量测数据反馈情况：建筑物累计沉降值为－9.86mm，其中盾构掘进阶段为－6.9mm，盾构解体阶段为－2.96mm，实测总体沉降、沉降差、倾斜均小于目标控制值，如图1所示。

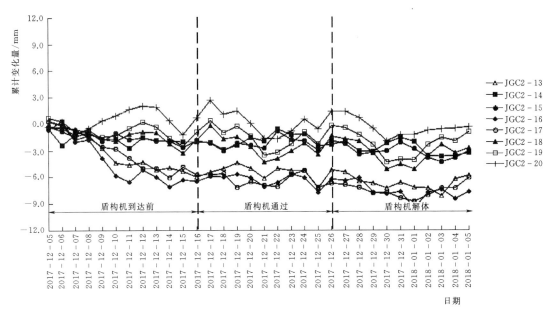

图1 建筑物沉降变化时程曲线

3.2 端头加固

盾构端头周边环境复杂，盾构出洞安全风险高，再加上盾构机在此处拆除需长时间停机，地层多次受到扰动，安全风险更高，为确保盾构施工安全，盾构端头需要做加固处理。盾构端头由于地面无垂直加固条件，采用洞门环内水平加固处理措施。距离洞门外边缘600mm外拱顶120°范围内打设ϕ108大管棚，长为9m，环向间距为600mm。洞门钢环内采用打设袖阀注浆管，上半圆处于黏土层中，设计间距为1200mm×1200mm，下半圆黏土含量较低，设计间距为800mm×800mm，如图2所示。注浆浆液均采用水泥-水玻璃双液浆，注浆压力控制在0.35～0.5MPa。

3.3 盾体设计构想

为确保盾构机拆解完好和顺利实施，在盾构机建造

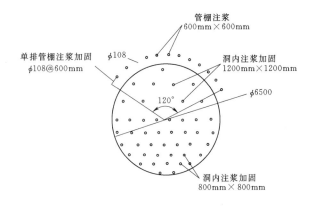

图2 盾构端头加固示意图

前进行盾构适应分析评估论证，将此盾构机盾体设计为组装式构件，分块大小原则是便于吊装和运输方便。刀盘设计分为"4＋1"块，其中周边4块；前盾设计分为4块；中盾设计为4块；尾盾设计为4块，各分块尺寸

详见表1。

表1　　　　　盾体分块尺寸表

名称	重量/t	尺寸（长×宽×高）/(mm×mm×mm)
刀盘	40	$\phi6260\times1790$
边块1	6.5	$4400\times1750\times1200$
边块2	6.5	$4400\times1750\times1200$
边块3	6.5	$4400\times1750\times1200$
边块4	6.5	$4400\times1750\times1200$
中间块	14	$\phi3800\times1800$
前盾	50	$\phi6250\times2100$
分块1	13.5	$4800\times2100\times2100$
分块2	11.5	$4030\times1900\times2100$
分块3	13.5	$4800\times2100\times2100$
分块4	11.5	$4030\times1900\times2100$
中盾	95	$\phi6240\times2850$
分块1	13.5	$2390\times1020\times2580$
分块2	28	$5010\times2070\times2580$
分块3	25.5	$4600\times1820\times2580$
分块4	28	$5010\times2070\times2580$
尾盾	31	$\phi6230\times3380$
分块1	6	$3410\times600\times3380$
分块2	8	$4500\times960\times3380$
分块3	9	$5100\times1320\times3380$
分块4	8	$4500\times960\times3380$
主驱动	25	$\phi3230\times985$
人舱	6	$1800\times2600\times1600$
管片拼装机	13	$\phi3980\times2300$
拼装机托梁	8	$5810\times2600\times2150$

4　盾构拆解施工

4.1　拆解工装及铺设轨道

在盾构端头井位置车站中板预留孔洞 5200mm×7000mm 上安装吊装框架及轨道梁桁架，材料均采用 I45b 工字钢，在轨道梁上安装 4 台 25t 起吊电动葫芦，用于起吊、移动拆解盾体部件。在车站底板上铺设 P43 钢轨，长度约 80m，用于存放盾体拆解的部件，在存放轨道中间安装牵引卷扬机，将分块部件逐块拖拉至指定临时存放地点。

4.2　盾构拆解

（1）双螺旋机拆除：盾构正常掘进接收后，待前盾

出洞约 500mm（前盾距离后端封堵墙 500mm）后停止推进，如图 3 所示。停机后通过盾体径向注浆孔向盾壳外侧注入惰性浆液，填充盾壳与周围土体间隙。

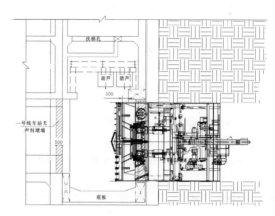

图3　盾构停止掘进示意图（单位：mm）

刀盘拆除前，先将双螺旋输送机拆除。①拆除二级螺旋机：利用手动葫芦固定二级螺旋机，拆除连接桥上皮带机架子，拆除二级螺旋机上锁具螺旋扣及一级螺旋之间的连接螺栓，将二级螺旋机下放至电瓶车上，运出洞外。②拆除管线：拆除连接桥上干涉横梁、拼装机支撑横梁以及螺旋输送机驱动液压管路、泡沫膨润土管路，拆卸螺旋输送机附近的干涉管路及线路。③拆除一级螺旋机：在 H 架上焊接吊耳，固定一级螺旋机前端。预先新制拆机门架，并将拆机门架下部焊接至电瓶车上，将门架上部通过手动葫芦固定一级螺旋机后部。拆卸固定装置上的连接销轴，通过电瓶车及葫芦的配合，缓慢抽出螺旋机，可通过拼装机进行辅助吊运。将一级螺旋机下放至电瓶车上，运出洞外。

（2）刀盘拆除：为了便于刀盘拆解和运输，刀盘设计为"4+1"分块形式，分块如图 4 所示。

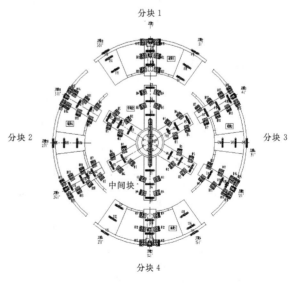

图4　刀盘分块示意图

1) 拆解刀盘之前，用专用工具拆除刀盘上回转接头及相关管路等需要拆卸的零部件，拆除之后对裸露管路以及接触面进行保护。泡沫喷嘴、磨损检测器、超挖油缸等零部件可不拆除，需做保护；将前移轨道延伸至刀盘前端。

2) 将刀盘旋转至边块1、4上下，边块2、3左右对称位置，用槽钢或工字钢固定刀盘，固定位置在边块2和边块3上，用高压清洗机清洗刀盘，除去刀盘表面岩渣等残留物。刨除各个边块刀盘吊装吊耳位置耐磨板，铆焊各个边块以及中间块的吊装吊耳，吊耳焊后需要保温，缓慢冷却12h，才能起吊。

3) 用两台电动葫芦同时吊住边块1，然后用气刨按边块1设计分块线分割出边块1，刨除过程中严格控制边块1的吊装位置，禁止边块1在刨除过程中晃动。边块1切割之后，用两起吊电动葫芦吊运边块1至放置台钢轨上，用卷扬机拖拉至车站前端暂存，完成边块1的拆解。同样，按上述步骤拆除边块2。

4) 用两台电动葫芦同时吊住中间块，接着用液压扳手拆除主驱动与刀盘的连接螺栓，拆除过程中，严格控制中间块的吊装稳定性，禁止中间块晃动。螺栓拆除之后，用气刨按中间块设计分块线，切割出中间块，接着用电动葫芦吊下中间块并移至前端轨道上，用卷扬机拖拉前移至车站前端暂存，完成中间块的拆解。

5) 同样，按照上述步骤依次拆除边块3，最后拆除边块4，至此，刀盘全部拆解完成。

（3）前盾及主驱动拆除：

1) 刀盘拆除后，拆除伸入端头井内的部分轨道，通过推进油缸往前空推1环，即中盾距离后端堵墙100mm，空推一环拼装一环管片，同时进行同步注浆作业，前盾推出位置示意图见图5。将主驱动齿轮油、减速机齿轮油、减速机冷却水、电机冷却水排放干净；拆除主驱动电缆、油脂润滑管路、冷却水管路等各连接管线。

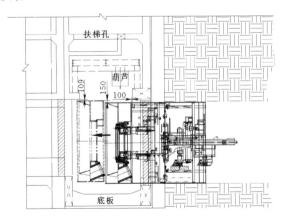

图5 前盾推出位置示意图（单位：mm）

2) 依次拆除主驱动电机、减速机并运送到车站前端妥善存放；在拆除电机、减速机的时候注意各连接端

口清洁，并用盖板封好，防止杂物进入。

3) 拆解人舱与前盾连接螺栓，并将人舱固定在中盾上；拆解前盾与中盾连接螺栓，并使用4个100t千斤顶使前中盾分离。

4) 前盾按照上下1号、3号，左右2号、4号对称设置分块，利用两台电动葫芦吊住1号块，按设计分割线切割前盾1号块，拆解前盾1号块前需在前盾2号、3号分块外侧增加槽钢或角钢支撑。切割后用电动葫芦吊运至轨道上，并用卷扬机牵引至指定位置存放，完成前盾分块1的拆解。按上述方法依次拆除2号块、4号块。

5) 使用两台电动葫芦拆解主驱动，拆除主驱动后应将主驱动吊放在移动小车上，做好相应的保护措施，防止划伤主驱动，最后拆除前盾分块3并进行平移至指定位置存放。

（4）后配套拆除：后配套拆除前，利用顶推油缸空推2环，将中盾顶推至距离后端墙3000mm处，如图6所示，此时为盾构机最终停止推进状态，空推一环拼装一环管片，同时进行同步注浆作业。

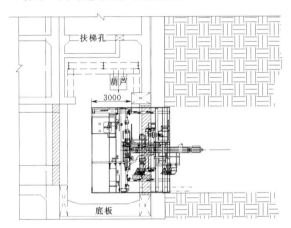

图6 空推停止中盾位置示意图（单位：mm）

1) 拆除连接桥及1~6号拖车顶部的皮带输送机、通风管、风机、风筒起吊架并通过电瓶车驮运至始发井吊出洞外；拆除连接桥及1~6号拖车拉杆、连接销，拆除各拖车之间水、气、液压等管路，并对接头做好保护措施。

2) 用电瓶车将平板车分别送至六节拖车框架中间位置，用4个20t千斤顶将拖车顶起，将H型钢放到平板车合适位置上，缓缓卸下千斤顶，将拖车平稳的降置于平板车上，电瓶车牵引平板车依次驮运六节拖车至始发井吊出洞外。

3) 拆除连接桥和主机之间的所有管线固定，拆下连接桥与拼装机连接的拖拉油缸销轴，安装连接桥固定工装于平板车上，下放连接桥至工装上，电瓶车牵引平板车运输至始发井吊出洞外。

（5）管片拼装机和人舱拆除：

1) 管片拼装机在拆机前须旋转180°，使其抓取头在 12 点位置处，并将其固定。拆除工作平台、管路支架（包括内部拖链油管等）以及拼装机大吊耳。安装拆机支架并拆除管片拼装机，拆除螺栓及预拉紧葫芦，用电瓶车牵引平板车运输管片拼装机至始发井并吊出洞外。

2）利用手拉葫芦将人舱起吊放置在平板车上运至始发井并吊出洞外。

（6）中盾拆除：拆除中盾内楼梯平台（需在中盾内增加临时吊点），拆除平台时注意保护平台上的各电气液压元器件，以防损伤。在 H 架上焊接起吊吊耳，拆除 H 架放置平板车上，电瓶车拖拉运输至始发井。

中盾拆除前将轨道铺至中盾前端，并制作槽钢或工字钢支撑，焊接起吊吊耳。中盾亦按照上下 1 号、4 号，左右 2 号、3 号对称设置分块，拆解上边块 1 号块时，先将 1 号块进行支撑稳固，并在 2 号、3 号块外侧架设钢支撑，然后拆除与 2 号、3 号相邻块之间的螺栓，并按设计切割线进行切割，拆除上边块，吊运至平板车上，电瓶车牵引至始发井并吊出洞外。然后依次拆除中盾 2 号、3 号、4 号其他分块，并运至始发井并吊出洞外。

（7）前盾、主驱动及刀盘运输：将隧道运输轨道与车站内存放轨道连通，将前盾各分块、主驱动、刀盘各分块通过夹轨器移至吊装井口，通过电动葫芦转运至平板车上，电瓶车牵引平板车逐块驳运至始发井并吊出洞外。

（8）盾尾拆除：中盾拆解完成后，盾尾尚留 1480mm 在隧道内，如图 7 所示。在尾盾顶部外侧壁上焊接千斤顶支座，外侧安装 1 台 250t，下部内侧安装 1 台 360t 千斤顶进行同步顶推尾盾，直至将盾尾全部顶推出隧道，一边顶一边注浆，及时回填建筑空隙。盾尾全部脱出后，用氧焊切割原设计的焊缝，直至拆解完毕，用电瓶车将拆解下来的部件吊上平板车，逐块拖拉至始发井并吊出洞外。

5 结语

盾构隧道在特殊工况条件下，盾构没有整体接收条件和预留吊出口，施工操作空间有限，长度远小于盾体长度，盾体不能一致整体推出到位，也不能整件吊出，而是需要分节推出，分节拆除，且每一节大件还要分块切割开，方能满足吊运的要求。通过此工况条件下盾构机拆除的实施，为今后盾构隧道施工提供了一种新的思路。值得注意的有以下几方面：

（1）盾构进出洞安全风险本身就很高，再加上长时间（约 45d）的拆除施工，边顶推边注浆，多次对地层进行扰动，周边建（构）筑物的沉降控制难度大，一定

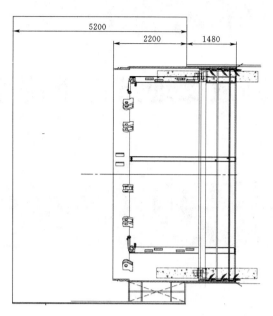

图 7 中盾拆除后尾盾位置示意图

要把端头注浆加固到位，同时在盾构拆解过程中，盾构往前顶推时，要及时注双液浆且确保建筑空隙饱满，并控制好注浆压力，防止涌水涌砂发生。

（2）盾构拆除前尽管通过分块减轻了单块的重量，但单件重量仍然很重，拆解用起吊轨道梁需要进行强度检算，以满足拆解要求。焊接起吊吊耳需要做探伤试验，不合格的进行重新补焊，对起吊设备、钢丝绳、卡扣等均需严格检查。

（3）盾体分块切割吊运至洞外后，需重新组装焊接，焊接完成后，要对刀盘强度进行检测，不能低于原刀盘强度，对盾尾还要校正其椭圆度。

（4）盾构拆解全过程要做好监控量测工作，确保周边建（构）筑物和隧道工程本身安全。

参考文献

[1] 代勇. 大直径盾构洞内拆机方法 [J]. 工程技术，2015 (8).

[2] 邓伟庆. 浅谈关于盾构机到达停机后施工盾构接收井进行设备解体 吊装 [J]. 交通与能源经济，2011 (7).

[3] 申智杰. 狮子洋隧道大型泥水盾构洞内解体拆机技术 [J]. 建筑机械化，2011 (4).

[4] 琚时轩. 盾构洞内对接拆卸技术的应用 [J]. 工程机械，2007 (7).

[5] 方俊波，洪开荣. 高速铁路水下泥水盾构解体与运输技术 [J]. 建筑机械化，2012 (S2).

开放交通条件下桥梁支座整体顶升更换技术

陈鹏飞/中国电建市政建设集团有限公司

【摘 要】 本文以济南市顺河快速路南延建设工程——大涧大桥开放交通条件下支座更换为实例，重点介绍了其工艺流程、施工技术，总结了本方法的优点及施工注意事项。

【关键词】 开放交通 支座 更换

1 引言

建设交通强国的宏伟目标是新时代国家、民族对交通事业的殷切期望，也是新时代全体交通人为之奋斗的新使命。在现代化城市道路桥梁改、扩建及维修过程中，不断交、不封闭已逐渐成为常态。因此，通车条件下的桥梁支座整体顶升更换技术已经成为桥梁支座维修技术的首选方法。

2 工程概况

济南市顺河快速路南延建设工程全长 5.1km，是纵贯主城区的交通大动脉，高快一体路网中轴线上最关键的一段，建成后实现南北绕城快速连通，两横三纵快速路闭环成网。大涧大桥位于我公司承建的施工三标段，桩号 ZK5＋300 处，全长约为 160m，跨境组合为 8×20m，桥面宽度为 59m。现状桥梁共分 4 幅，中间两幅建于 1996 年，东西两幅建于 2006 年，上部结构均采用预应力混凝土空心板梁，下部结构桥墩采用桩柱式桥墩，桥台采用埋置式轻型桥台。经检测桥梁承载能力满足设计荷载等级公路-Ⅰ级的使用要求，但多数支座出现剪切变形、部分脱空以及钢板锈蚀现象，如何在不中断交通的前提下，保质保量地完成支座病害处理成为本工程的重点之一。

3 开放交通条件下支座更换工艺原理

根据现场调查情况，大涧大桥中央分隔带连接为一体，在顶升及更换支座过程中为保证梁体、桥面铺装、防撞护栏、盖梁及其他结构的安全，采用单墩（单跨）整体顶升方式，在顶升时使用 PLC 液压同步控制系统同时顶升墩柱（桥台）上的 54 个梁端，顶升到位后，千斤顶保压，取出旧支座，清理支座周围杂物，更换新支座，支座位置确保安装准确。

本方法投入设备简单，最大限度利用现有结构作为反力基础，对桥上交通无影响，施工效率高。

4 开放交通条件下支座更换工艺流程

开放交通条件下的支座整体顶升更换支座工艺流程见图 1。

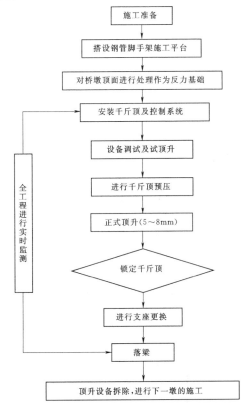

图1 开放交通条件下的支座整体顶升更换流程图

4.1 施工准备

（1）对桥跨下方场地进行整平、压实，确保地基承载力满足施工脚手架工况要求。

（2）搭设施工脚手架，为确保结构稳定，在脚手架上每两米设置一道连接杆，与墩柱连接。

（3）量测盖梁（桥台）顶至梁板底之间垂直距离，小于35mm位置对盖梁（桥台）顶进行适当凿除，满足千斤顶安放即可。

4.2 千斤顶及顶升控制系统安装施工

4.2.1 千斤顶安装

直接利用原桥墩、台作为顶升时的反力基础，顶升时盖梁顶面用干砂浆整平并垫上25cm×25cm的薄钢板作为整体顶升千斤顶的下支撑点，梁板底部一般比较平整不需要做过多处理，但相邻有高差的两片板梁间，在较低的一片梁底垫设1～20mm厚25cm×15cm尺寸的钢板将其梁缝找平，使其在同一个水平面上，然后再在下面垫设25cm×25cm的薄钢板作为整体顶升千斤顶上支撑点。

空心板梁的顶升施工中，千斤顶布置在每两片板梁缝处，在边跨板梁上布置一台千斤顶，千斤顶在受力状态下活塞杆必须为竖直受力，因此在千斤顶安装布置时使用干砂浆、钢板等进行整平，保证千斤顶的水平（图2）。

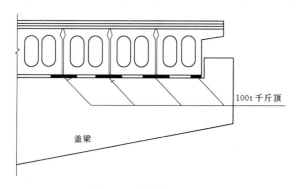

图2　千斤顶布置示意图

4.2.2 顶升控制系统布置安装

顶升过程中将千斤顶分组，每组为一个控制点，每个控制点通过位移传感器对控制点内千斤顶进行整体位移监控。

（1）直观监测点布置：在桥墩盖梁挡块内侧使用钢尺（或百分表）做固定监测点，在顶升过程中，由专人进行监测，实时与PLC液压同步控制系统中的拉线传感器相比较。桥台位置布置8个，桥墩位置布置16个。

（2）拉线传感器上侧固定在梁体上，下侧固定在盖梁上，通过信号线将位移量传递到控制电脑上，拉线传感器量程为1000mm。

4.3 试顶升与正式顶升

在正式顶升前，为了观察整个顶升施工系统的工作状态，消除千斤顶上下的非弹性变形，应进行试顶升，试顶升高度1mm。

试顶升后，观察若无问题，开始正式顶升，正式顶升千斤顶最大行程为8mm。顶升分两次进行，第一次顶升行程为5mm，确认支座是否可以全部取出后，方能再决定是否顶升第二次行程（3mm）；千斤顶顶升速度1mm/min。

在试顶升和正式顶升过程中，每组千斤顶的顶升位移均被实时测量和反馈，一旦超过其指令位移，该组供油口会自动停止工作，不足指令位移的会加快供油，保证各组千斤顶顶升的同步性和准确性。

如千斤顶已达到最大行程仍不能更换支座时，此时需同步降落后对个别行程较大的千斤顶进行重新支垫后再实施同步顶升。

对需要二次顶升的，则需要对顶升后的梁体进行回落。可采用缓慢分级进行落梁，落梁过程中每级回落行程为1mm，速度设置为0.4mm/min，保证回落时梁体的稳定性和可控性。落梁完成后将超出行程的千斤顶加入相应的钢板后再进行同步顶升施工。

顶升过程中应安放临时支撑垫块，紧靠梁底但不塞紧；临时支撑采用不同厚度的钢板组合而成，一般可用1mm、2mm、5mm、10mm、20mm、30mm等厚度的钢板组合，每顶高1～2mm加一块临时支撑钢板，防止因千斤顶发生故障突然下沉，造成梁体震动而出现裂缝。

4.4 支座更换

顶升到位后，千斤顶保压，取出旧支座，清理支座周围杂物。更换新支座，支座位置必须保证安装准确，安装完成后，自检完成后进行报检。

4.5 垫石处理

桥梁顶升后对原有垫石进行检查，检查后对破损垫石进行修复，修复方案主要有以下两种：

（1）破损不严重：清除松散混凝土后，对垫石破损处采用环氧砂浆进行修复。

（2）破损严重：清除松散混凝土后，使用钢板根据垫石高度进行制作略大于垫石的模板，使用快速高强灌浆料进行填筑。

4.6 落梁就位

新支座更换完毕且垫石修复完成后，即可缓慢分级进行落梁，落梁过程中每级回落行程为1mm，速度设置为0.4mm/min，保证回落时梁体的稳定性和可控性。在指令位移每回落到1mm后，检查各组千斤顶是否回落至相应数值，对回落有误差的点单独进行回落，确保误差始终保持在 1mm 的范围内，逐步多次的进行回落过程，直至落梁完成。

落梁后检查最终各支座的实际高度和位置。拆除千斤顶，完成支座更换工作。

4.7 盖梁修复

落梁完成拆除千斤顶等顶升设备后，对凿除的盖梁位置进行修复。修复前首先清除松散混凝土，清理混凝土表面，并使表面保持湿润、清洁；再使用 M40 砂浆进行处理，恢复原结构截面尺寸。修补工作全部结束后，还要加强养护，养护方法与通常混凝土的养护方法相同。

5 本法优点及施工注意事项

5.1 施工优点

在开放交通模式下，利用 PLC 液压同步控制系统整体顶升更换支座主要有以下几个优点：

（1）施工隐蔽。在整个施工过程中，所有施工人员、工器具在桥下施工作业，极为隐蔽，不会对桥上通行造成任何影响。

（2）高效环保。本法是目前最为高效的支座更换方法，施工过程中不会产生任何污染，不形成建筑垃圾。

（3）资源均衡。按照施工脚手架、千斤顶安装、支座更换组织流水作业，可达到"工期固定、资源均衡"的效果。

（4）结构稳定。利用桥梁墩台顶作为反力支撑点，其刚度、强度及稳定性均满足要求。

5.2 施工注意事项

本法虽施工高效、便捷，但施工过程中应特别注意以下事项：

（1）正式施工前必须进行试顶升，以验证千斤顶的工作状态。

（2）梁板底部存在错台现象时，必须加铺钢板予以消除应力集中。

（3）施工过程中必须安排专人对桥面沥青面层进行观察，出现裂纹时及时停止施工。

（4）必须单墩顶升施工作业，保证顶升位置位于负弯矩区域。

6 结语

开放交通条件下的桥梁支座顶升更换技术在济南顺河快速路改造施工中成功应用，大幅降低了道路改造过程中交通导改的难度，使得我公司承建的施三标段提前半年完工。

桥梁支座整体顶升更换技术无须大型施工设备，在保证结构整体稳定的情况下，高效、便捷完成桥梁支座更换任务，为今后类似工程施工提供了宝贵的借鉴经验。

本栏目审稿人：张建中

刍议做好建筑企业"两金"管控工作

仵义平　张孟东/中国电力建设股份有限公司

【摘　要】 "两金"规模高企，超出合理水平已成为制约和影响企业实现高质量发展的因素之一。建筑企业要坚持系统思维、底线思维，加强"两金"管控，提高认识、加强"两金"管控的主动性，把握重点、加强"两金"管控的系统性，完善机制、推进"两金"管控的常态化，促进"两金"占总资产比重回归合理水平，防范化解企业流动性风险，推动企业实现高质量发展。

【关键词】 建筑企业　"两金"　主动性　系统性　常态化

高质量发展既是贯彻新发展理念的根本要求，也是遵循企业发展规律的必然要求。近年来，电力、建筑、房地产等行业"两金"占用规模较大、增长较快。特别是建筑企业，"两金"高企已成为影响行业高质量发展的短板和今后一段时期企业经营工作的重点难点。"两金"问题已成为建筑企业实现高质量发展的关键。建筑企业要实现高质量发展，必须要加强"两金"管控，要坚持系统思维，坚持底线思维，不断提高认识，把握工作重点，健全管理机制，做好"两金"管控常态化，促进"两金"占总资产比重回归的合理水平。

"两金"是企业财务管理中的重要经济数据，顾名思义，它由两部分内容组成：存货和应收未收款。"两金"具有非常明显的不确定性和动态变化性，给建筑企业管理带来的风险是显而易见的。

一、提高认识，加强"两金"管控的主动性

建筑企业就是围绕"两金"开展市场经营活动，而"两金"高企已成为建筑企业发展的最大流动性风险，通过近年来建筑央企"两金"管控的成效来看，建筑企业的"两金"管控工作可以做得更好。

一是要正确认识"两金"高企是企业发展的最大流动性风险。建筑企业要把"两金"压降作为贯彻落实党中央、国务院坚决打好防范化解重大风险攻坚战决策部署的实际行动，作为本单位化解流动性风险、实现高质量发展的主要抓手。要将"两金"管控作为实现自我发展和高质量发展的必经之路，要增强工作的责任担当与主动作为，高度重视，上下同心、内外同源、左右合力，做好"两金"管控工作。

二是要正确认识"两金"高企产生的根源与规律，强化辩证思维。建筑企业生产经营必然产生两金，"两金"占比过高必然影响企业扩大再生产的资金安排，必须要围绕"两金"抓好市场营销、生产经营，抓好市场营销、生产经营，促"两金"压降。提高科学认识，要把握好"两金"产生的规律，坚持存量压降与增量控制并重，加强源头管控，做好事中控制和事后结算清收。

三是要正确认识前一阶段"两金"管控的工程成绩。2015年，国务院国资委印发了《关于进一步做好中央企业增收节支工作有关事项的通知》（国资发评价〔2015〕40号）要求各中央企业"盘活存量提效能""要严格控制、清理压缩'两金'占用规模"。建筑央企贯彻落实国资委管控要求，积极推动"两金"压降工作，持续盘活存量，提升资产质量。根据上市公司年报，建筑央企"两金"占总资产比重已从2015年的44.1%下降至2019年的28.0%，年均下降4个百分点。说明建筑央企能够积极落实国资委要求，多措并举压降"两金"，也说明了只要建筑企业采取的管理举措得当，"两金"管控工作可以做得更好。

二、把握重点，加强"两金"管控的系统性

建筑企业抓"两金"管控，要按照"源头管控、标本兼治"的原则，坚持存量压降与增量控制并重，加强源头管控，注重增量控制，做好事中控制和事后结算清收。

一是要围绕"两金"抓好市场营销，加强"两金"源头控制。第一，坚持以高质量发展为准绳，谋划市场营销首先要考虑资金保障，推进投资垫资首先要研究资金安全返回，追求营收利润首先要保证资金实至名归。第二，大力营造"市场为先、履约为重、创效为本"的经营氛围，要坚持事前算赢，落实投标前项目测评机制，杜绝恶性竞争，杜绝"顾头不顾尾"、为营销而营销的盲目极端行为，坚决舍去风险不可控、赔钱赚吆喝的项目，从源头防范"先天不足"问题项目的承揽。第三，在投标中要对建设单位的基本情况、履约能力、社会信誉以及项目的合法合规性、招标文件中约定的项目资金情况、结算与支付周期、工程款支付比例、各类保证金扣留情况进行了解，切实做好标前评审、合同评审工作。要以优选投标项目、优选投标标段、守住经营底线、干好在建工程等为重点进行系统策划，保证市场营销质量。第四，在中标后，对外要结合招标文件相关条款做好合同谈判，减少或者避免约定不利的资金条款。对内要加强合同评审，加强项目经营目标测算，准确研判项目经营期资金需求的痛点难点。对于需要垫资的项目，要建立垫资项目台账，严格贯彻执行企业的管理要求，并在合同中约定所垫资金的利息、回款途径。

二是要围绕"两金"抓好经营管理，加强"两金"过程控制。第一，在履约过程中要按照合同约定，及时完成工程计量签证与结算，及时催收到期款项，并加强对工程结算资金回笼情况的监管，确保清收清欠工作有人管、有成效。第二，利用国家相关部委有关工程项目结算支付的政策法规，将具体政策完整、准确地体现到经营管理、清收清欠工作中。要积极落实"四项合法保证金、规范保证金收取标准、实施保函替代"有关政策要求，加快回收已到期、不合规或超收的各类保证金，创新方式力争多回收未到期的各类保证金。第三，不断夯实基础管理工作，在项目管理过程中要及时向建设单位提供进度结算、索赔调差、合同变更等事项文件，积极主动与建设单位就合同中未尽事宜进行沟通协商。第四，明确"两金"管理的重点，建立台账制度、目标责任制度，对重难点债权实施动态监控，要以项目现金流为考核重点，完善清收清欠工作的保障机制。

三是围绕"两金"做好项目收尾，加强"两金"事后控制。第一，加强移交收尾项目的基础资料管理，落实收尾项目的清收清欠责任。在建项目完工收尾移交时，要注重项目有关的招标文件、签订的合同及补充协议、变更设计文件和各种会议纪要，以及与工程相关的各项工程技术施工组织、安全质量环保、检测试验、结算、支付等原始资料及台账的收集整理；项目部要总结项目存续期间，债权及保证金清理过程中存在的问题，要落实项目经理作为清收清欠第一责任人的责任。第二，创新工作思路，把控工作重点，灵活运用清欠策略。要根据施工地点、建设单位不同的情况采取不同的清欠策略。对于有资金困难，但是有合理的资产可以抵债的建设单位，可通过评估协商，实施以物抵债清欠、帮融清欠、借力清欠、联合清欠等多种有利于清收清欠的措施；对于长期挂账、恶意拖欠、催收无望的建设单位，要采用法律手段清欠。

三、完善机制，推进"两金"管控的常态化

建筑企业抓"两金"管控，要建立从企业总部到基础组织的专项管控体系，要健全工作体系，明确责任目标，落实责任目标，强化考核导向，推动"两金"管控的常态化。

一是要坚持抓"两金"、促生产的原则。建筑企业基层组织要建立健全标前综合评审、标后成本策划、垫资专项管理、结算回款监测、压降目标责任、内部债权债务定期清理等机制，积极构建事前、事中、事后闭环的"两金"压降管理体系，持续筑牢企业高质量发展的基础。

二是要坚持管全局、抓重点的原则。建筑企业总部要建立子企业"两金"压降的定期报告机制、重点关注机制、经验交流机制、专项督导机制，及时了解子企业"两金"压降工作进展情况；重点关注重点子企业、重点项目的"两金"管控情况，推动重点子企业制定"两金"压降方案，切实把压降目标落实到项目部，形成压降工作责任层层落实态势，有效推进重点单位的"两金"压降工作；要积极推广内外部"两金"压降的领先实践，不断提升企业"两金"管控水平，更好地促进"两金"压降；要根据基础组织"两金"压降存在的突出问题，组织开展专项督导活动，推动基层组织落实"两金"压降责任。

三是要坚持有激励、有处罚的原则。划清责任人的责、权、利，建立"两金"清收清欠奖惩机制，对"两金"压降成绩突出的基层组织和个人予以奖励，对"两金"压降工作重视不高、组织不力、落实不足、成效较差的基础组织，进行处罚。要明确在建项目"两金"压降目标，按月统计、按季考核、按年兑现；要对收尾项目债权进行单项年度考核，落实原项目部债权领导、分管领导及经办人的追索清收清欠责任，年末按单项目标完成情况进行奖惩。

四、结语

新常态下随着国内经济下行压力不断加大，在供给侧改革的背景下，提倡经济由高速发展向高质量发展转变。建筑企业应当提高对"两金"管理的重视，制定相关清收制度，构建大数据信息化系统；同时也要提高认识、加强"两金"管控的主动性，把握重点、加强"两金"管控的系统性，完善机制、推进"两金"管控的常态化，进一步加强"两金"管控，防范化解企业流动性风险，推动企业实现高质量发展。

浅谈数字经营与智造在新基建高质量发展中的作用

刘树军　黄献新/中国水利水电第十二工程局有限公司

【摘　要】　古老的建筑业正在经历着数字化的变革，数字经营与智能建造的深度融合将不断催生出新业态、新模式，为疫情后的新基建高质量发展插上腾飞的翅膀。数字创造价值，数字衍生智慧，数字平台赋能，数字经营共享已享、数字红利未来已来、智能建造希望在望。

【关键词】　数字经营　智能建造　平台赋能　新基建

1　引言

对于企业经营而言，数字就是一切；实现数字化经营既是一道战略选择题，更是一道生存题。数字经营与智能建造的深度融合，给传统的经营模式带来突破性创新，呈现出生产方式智能化、经营形态数字化、产业组织平台化的新特征，催生出了新基建这一新业态，即以数字化经营为目标，以智能化为技术手段，以平台化为生产方式，以工程总承包为实施载体。

在疫情防控和复工复产过程中，数字经济新动能实现加速崛起。精准防控"云抗疫"，复工复产"云模式"，数字化技术的优势凸显，为传统产业赋能提升资源配置效率，确保生产不断线、项目建设不停止、经营服务不受阻。公司在"人、机、料、法、环"等生产要素数字化构筑中，初步形成了一个中心、多业务平台（项目管理PRP、经营数据编报、人力资源HR＋、财务NC＋、BIM数字建模、工会智慧云）融合的信息化管理体系，为公司高质量发展提供了硬核力量。

2　数字经营　红利未来已来

构建数字经营平台，一是实施数字项目精益管理，包括结算全过程精心管理、分包全流程精细防控、材料全周期精确核销、资金全流量精准管控"四项行动"，以及数字项目精准配置、数字经营高效保障、利费稳健有效创新、风险实时协同防控"四个能力"的全面提升；二是实施工程施工智能建造，开展"大数据、人工智能、物联网、云计算、区块链"等新技术应用，实现

项目管理向数字转变、预算结算向精准转变、控制成本向事前转变、管理流程向智能转变、大智云链向融合转变、智能建造向绿色转变的"六个模式"转型升级。

在数字化时代，企业唯有拥抱数字顺势而为，才能逐步转换成为数字型企业；唯有坚守数字工匠精神，才能享受数字红利。那么，数字红利如何看？

看时代热点，共享数字红利。一是看方向，以大智云物链5G为主的50万亿元新基建呼之欲出，数字经济市场将释放巨大红利。二是看前路，2020年将会成为工程总承包的变革之年，工程总承包EPC市场迎来增量时代，EPC的利润之源、管理之道、数字红利未来已来。三是看趋势，以债转股谋生长，增量引入谋发展，激发内生动力、点燃资本活力、挖掘发展潜力的"国企混改"提速将释放出新业态。

看行业标杆，分享平台红利。一是看平台标杆，世界经济已经走向平台经济时代，一个平台的经济价值有多大，取决于这个平台上有多少客户，平台的红利与平台联住客户数量的平方成正比（平台黏性即N个连接能创造出"N×N"的效益）。二是看数字化发展，工程施工的"人机料法环"的每一个环节都将被数字化。疫情后行业的竞争表面上看是市场份额的争夺，而背后则是一场数据之战、平台之战。贸服平台、路桥、水环境平台等带来的规模红利已经体现。

看"两利三率"，对标寻找突破。利润、利润总额、资产负债率、营收利润率、研发投入率指标是公司的主要数字经营指标，重点关注"两利三率"指标的体系结构，从数据中找出规律，挖掘亮点，为明天更好地实现高质量发展找出路径和突破口。同时通过时间轴的纵向分析，经营板块之间的横向对比，可以直观地发现做得

好的项目、做得不好的项目，再重点对于做得好的项目、有问题的项目进行深度分析改进以提升利润。

看实时动态，引领正确航向。各级领导要像机长一样，构建自己的"经营驾驶舱"，以真正做到"看着数字仪表盘开飞机"。只有开启数字经营，企业才不会偏离发展的主航道。但所有数字都源于对数字项目的重视程度和分析运用上，项目是利润之源、成本中心，可以说数字项目的构筑有着无穷无尽的数字硬核智慧。

3 平台赋能　共商共建共享

数字项目是基于项目各种设备的泛在感知数据，通过对收入与支出数理统计、数据模型、计算机深度学习分析，实现对数字项目"民工工资实名制、设备物资物联网、专业分包区块链、业绩考核智能化"的平台化赋能，形成去中心化、数据可信、智能合约的分布式项目链。

平台赋能共建数字项目。构建人、材、机、费、利、税数字项目资源池，逐步实现经营中海量非结构化数据应用，提升数字项目的高度、广度及深度。如民工实名制工资、供应商分包商价格数据链、经营工序价格智慧库等，通过构建经营大数据资源池、探索大数据分析方式，实现从项目数据走向企业大数据。具体来说，通过汇集项目经营全过程的投标、结算、分包、采购等数字形成庞大的数字资源，夯实数字经营业务基础，升级经营报表分析工具，建设数字项目经营管理 App，实现"项目农民工实名制工资云，设备材料集采核销物联网，专业分包管理区块链，经营收入支出大数据"。

平台赋能共商分布式经营。经营平台的共享性，数字项目的透明性，使得人人都成为数字经营者，打造"以数字项目为中心"的"平台化赋能＋分布式自主经营"的数字项目管理结构。项目经营不再靠行政命令权威驱动，而是靠数字驱动和绩效文化驱动，项目的管理也从组织管控到组织赋能。通俗来讲，即时的透明的数字项目，以及基于项目盈利目标和成本预警的数字分析直接呈现在前沿阵地项目经理面前，项目经理不但可以自主决定如何守与攻，甚至可以调动后方力量——企业职能管理部门支持的数字经营平台来协同作战，实现扁平化、数字分析的赋权经营。

平台赋能共享高质量发展。培养具有数字经营意识和项目经营技能的分身，这是企业的人才目标，但仅靠人带人的方式培养，几乎是一件不可能完成的任务。然而通过数字经营平台，却可以大幅度地降低对数字技能要求的门槛，可以实现数字项目管理经验的轻松复制。将项目结算收入、分包物资成本支出等经营语言转化成计算机语言，实现自动比对预警，使数字经营管理流程系统化、常态化、自动化。探索建设数字项目经营全过程绩效考核评价系统，将项目绩效年度预考、项目全过

程绩效考核评价系统化、专家化、智能化。

平台赋能预警熔断机制。通过项目数字经营平台分析模型的"预警熔断机制"，建立红黄绿健康码管理。日常收集项目经营数据，平台自动提取汇总，绿色表示正常，黄色表示警示，红色表示严重，着力解决隐藏项目潜亏的现象。一切项目经营活动都必须绿色健康运营，一旦出现黄色，相关部门立即根据经营平台预案采取行动；出现红灯带病运行状态，现金流及时熔断。这就大大降低了对项目管理人员的判断力要求，数字经营自动判断——推动项目经理行动，彻底改变了"上级发现问题—上级发出指令—项目经理执行"的管理路径。

平台赋能物联网＋项目链。对设备材料集采核销中的实物变动打上物联标签，实现互联方式从数联向物联转变，进一步促进数字项目的高效互联，结合智能建造的泛在感知设备，应用物联网技术来实现与数字经营的高度融合，通过短信平台、二维码技术应用和移动签批等，实现万物互联。用区块链分布式共享账本的理念，实现数字项目去中心化，探索数字项目链建设，打通项目间的数据壁垒，实现项目信息共识、数据共享、协作信任、智能合约。

4 智能建造　促新基建发展

所谓智能建造，是新一代数字技术与工程建造融合形成的工程建造创新模式。即以数字化、网络化、智能化和算据、算力、算法为特征的新一代数字技术，在实现工程建造要素资源数字化的基础上，通过规范化建模、网络化交互、可视化认知、高性能计算以及智能化决策支持，实现数字链驱动下的一体化集成与高效率协同，向用户交付绿色可持续的智能化工程产品。譬如这次疫情化危为机，跑出智能建造加速度，打造数字项目升级版。

一是产品形态从实物产品到"实物＋数字"。借助数字孪生技术，实物产品与数字产品有机融合，实现绿色可持续的目标。如两河口水电站工程，通过 BIM 流程引擎，重大科技创新，大坝智能碾压项目已取得六大关键技术创新及管理创新，完成了从研发到机群生产应用的转序，实现了多坝料多机型全天候的智能碾压机群作业，一次碾压合格率、作业效率、作业路径等方面优于人工碾压，进一步推动了高坝施工由机械化向无人化、智能化、数字化方向转变的新模式。黄金峡水利枢纽工程用 AR、BIM、无人摊铺、智能混凝土碾压等数字技术与大坝施工完美结合、相得益彰。数字智慧工地建设获全国水利水电行业专家学者点赞，被水利部誉为以信息化为引领推进水利工程现代化创新典范。

二是生产方式从工程施工到"制造＋建造"。实现规模化生产与满足个性化需求相统一的大规模定制，降低建造成本，是生产方式进化的方向。如沙特装配式结

构保障房绿色建造项目，把工厂制造与建造相结合，使制造＋建造一体化、标准化、智能化。装配式结构房从节省资源和加快工期方面都优于现浇结构，规模化、工业化的生产方式，成本必然大幅下降，作为一个有远见的工程人，应该认识到装配式制造＋建造是可持续发展的新常态。

三是经营理念从产品建造到服务建造。一方面，使真正以用户个性化服务需求为驱动的工程建造成为可能；另一方面，也会使更多技术、知识性服务价值链融合到工程建造过程。如东乡北港河水环境 PPP 项目，从项目建造到运维服务新模式，践行绿色发展理念，充分展示治水灵魂、精湛技艺、智慧运营，实现水清、岸绿、景美、游畅河道治理的生态目标，生动书写了一江清水助推长江经济带高质量发展，服务转型升级促使绿水青山变成金山银山。

四是市场形态从产品交易到平台经济。工程建造价值链将得以不断重构、优化，催生出工程建造平台经济形态，大幅降低市场交易成本，实现工程建造的持续增值。智能建造将以开放的工程大数据平台为核心，提升数据驱动，降低边际成本。如工会智慧云平台，打通服务职工最后一公里，打造服务零距离、关爱零时差，实现更精准更普惠、更便捷更温馨的智慧云平台服务。

5　结语

数字创造价值，数字衍生智慧。疫情促进行业反思创新发展，新基建发力催生新发展机遇。数字经济是加快产业升级和经济转型步伐、推动经济高质量发展的有效途径。企业只有聚焦数字经营与智能建造，通过有效融合，持续提升资源配置效率，优化经济结构，才能为新基建高质量发展赋能。

浅谈"三联"管理体系在大型工程项目管理中的应用

朱长健/中国电建市政建设集团有限公司

【摘　要】联防、联控、联保管理体系（简称"三联"管理体系）就是从施工开始到施工结束，采取一系列手段来降低安全、质量、进度等事故风险发生的概率。因此，建筑施工项目通过设立联防组、联控组、联保组三个层级的组织机构，利用微信平台，充分发挥各级领导的监督作用，提高管理人员履职的主观能动性，打造了一个透明化、闭环式、扁平化管理机制。该管理体系已在深圳某大型水环境治理项目成功应用，大幅提升了项目沟通管理水平和管理效率，可作为类似工程项目管理工作的参考，具有广泛的推广应用前景。

【关键词】"三联"管理体系　大型项目　管理应用

1 引言

大型项目具有管理体系复杂、管理内容丰富、管理跨度大的特点，做好指令的有效传递、信息的良好沟通非常重要，建立一个适应项目的管理体系是项目管理成败的关键所在。

深圳某大型水环境治理工程项目涵盖管网工程约110km、3处调蓄池工程（29.5万 m^3），工程所在街道辖区面积53km²。施工内容包括地块分流改造、市政管网修复完善、黑臭水体整治、面源污染防治、水安全与水生态、调蓄设施等方面。工程组织管理难度大，高峰期项目管理人员达百余人、施工人员1400余人、施工点148个，如何有效管理现场生产，确保安全质量，是摆在项目管理层面前的问题。为全面落实"有人干就必须有人管"的管理要求，项目部管理层借鉴深圳市政府先进管理经验，建立了"三联"机制，有效促进项目部安全生产、质量管理、环境保护、文明施工等措施的落实，提高了项目应对突发事件和治理安全质量隐患的能力，确保安全生产各项管理目标的顺利实现。

2 "三联"管理体系的内涵及运行

"三联"管理体系分为联防组、联控组、联保组，各组成立组织机构，明确人员组成。以该项目的总承包模式为例，联防组由建设单位、监理单位管理人员组成；联控组由施工总承包单位工区负责人、项目部安全监督员、施工员、质检员组成；联保组由各作业班组的负责人、班组长、安全员、施工员、质检员组成。各组根据各自的职责定位，以微信群为平台，建立起一个监督检查、发现问题、整改问题、反馈问题的机制。

"三联"管理体系的运行模式是：联防组收集政府要求、会议精神、现场检查结果，向联控组发出指令；联控组负责收到指令后，制定具体措施，督促作业班组落实，在班组整改完成后检查并向联防组反馈整改结果；联保组负责在接收项目部各级管理人员的指令后，立即按照要求整改并及时报告。指令下达流程为"联防→联控→联保"，信息反馈流程为"联保→联防→联控"。整个信息流均在"三联"微信群完成，每个指令均落实到具体人员，隐患照片及整改照片均在群内发送，各级领导全程监督，管理效率显著提高。

"三联"管理体系是一种自上而下、再自下而上的透明化、闭环式管理机制，将施工现场的问题透明化，通过指名道姓的安排工作、落实问题整改闭合，提升了现场执行力。

"三联"管理体系的运行不限于全链条动作，作为联控组的项目部安全监督员、施工员、质检员均可随时将发现的问题发送到"三联"微信群，请作业班组立即整改闭合，并在群内回复整改照片；各作业班组的安全员、质检员也可以主动暴露问题，并自行整改，该种情况下，项目部予以技术指导，不开具整改单及罚款单。

3 "三联"管理体系的特点

"三联"管理体系通过协调工程参建各方的力量共同监督,做到了管理全覆盖、高效率,其主要特点如下:

(1)契合特点,符合需求。水环境治理工程具有点多面广的特点,安全监督员、安全员、施工员、质检员齐抓共管的人员配置模式,真正做到了每个施工点和作业面都有人管,管理达到了全覆盖。

(2)责任到人,措施到面。例如,安全问题或隐患信息及整改措施由发布者点名指定给对应的"安全监督员",并由其负责督导对应的"安全员"现场组织落实整改。

(3)上下联通,形成闭环。问题及隐患信息由建设单位、监理单位、施工总承包单位、工区在工作群中发布,由作业班组接收指令并完成整改,再将整改信息及时反馈给发布者。信息传递简单畅通,管理痕迹清晰可见。

(4)共同监督,处置高效。工作群内人员涵盖各层级管理者,任何一个问题或隐患的处置过程被包括分管领导在内的所有人员监督,使"安全质量监督"人员无处遁形,必须快速做出响应和处置,同时,也为项目领导提供一个了解项目基层管理人员、作业班组的平台。

4 保障措施

为确保"三联"管理体系的正常运转,工程项目部制定了一系列的保障措施,主要措施如下:

(1)项目部制定了"三联"工作管理办法,成立了"三联"工作委员会,制定各管理层及作业班组的职责,每日由项目部班子成员带班负责督促,相应分管领导紧盯各自业务范围。

(2)制定奖励及处罚措施。

1)奖励措施:①由项目安环部、质量部对现场安全质量监督人员根据工作群信息反馈及现场处置情况进行考核排名,经安全总监、质量经理批准后,前5名分别给予相应的奖励。②项目部每月评选5个优秀作业班组,现场安全文明施工和质量管理扎实有效,没有被建设单位、抽调干部、监理单位、政府监督部门、街道、施工总承包单位、项目部下达整改通知及处罚,项目部给予5000元奖励。

2)处罚措施:①项目部每周对"三联"管理体系工作开展不积极、所属管辖区域连续三次出现安全质量问题的安全监督员在周例会进行点名批评。②作业班组得到信息处置指令后不制定或不及时制定管控措施、获知管控措施指令后不执行或不及时执行等造成一定不良后果的行为,视后果的严重程度对相关责任作业班组负

责人进行约谈并处罚;对连续三次出现同一类型安全质量问题(包括作业班组所有工作面)的责任作业班组进行加倍处罚,处罚金额每一起5000元。③对拒不执行项目部安全"三联"工作要求的作业班组进行清退处理。

5 "三联"管理体系的应用效果及推广应用

"三联"管理体系工作的开展公开透明,微信群内每个人都可以看到其他工区的安全质量隐患问题,可以对照问题予以自查自纠。为避免"联防"组发现各种隐患问题带来的处罚,联防组、联控组主动暴露自身问题到微信群并主动整改,减小了管理层的管理压力,提高了各施工班组的安全质量意识。

除了暴露问题、整改问题之外,联防组、联控组也将巡查过程中发现好的典型做法在群内发布并提出表扬,各工区可以取长补短,优化施工工艺,提高管理水平。

自该管理体系运用以来,工程安全质量隐患数量连续4个月呈下降态势,尤其是重点隐患数量大幅降低75%,各工区形成了比学赶帮超的工作氛围,有效保障了工程的安全和质量。

只要项目领导意识到"三联"管理体系的巨大作用,那么它的推广难度不大,且适用范围广泛。它可以在建设单位、监理单位的主导下建立,也可以在总承包单位的主导下开展工作。而在一些中小型项目,由项目部建立自己的"小三联"管理体系也未尝不可,譬如,由项目班子作为联防组;各部门主任、工区主任、安全员、质检员等作为联控组;各施工班组负责人及其安全员、质检员作为联防组,便可以很好地运转起来。

6 "三联"管理体系的拓展

小项目管理,可以依靠个人感情和"点对点"沟通;大项目管理,更多的是依靠健全的管理制度和先进的管理机制。

例如,在大型工程的项目部内部管理中,部门分工较细,业务交叉较多,可以建立"重点工作"微信群,群内成员包含项目领导班子及各管理部门负责人,项目重要文件及部门交叉业务在群内发布,任务在群内安排,各部门负责人积极主动"认领"各自业务,对接相关部门,并在群内及时公布进展情况。这不仅保障了信息发布的全面性和处理问题的时效性,同时各级管理人员能够全面了解项目进展情况,项目领导也可以及时予以指导。

7 结语

"三联"管理体系的本质是充分发挥各级领导的监督作用，提高管理人员履职的主观能动性，利用微信平台打造了扁平化管理模式，提高了信息沟通效率，进而达到提升管理水平的目的。"三联"管理体系的应用，不局限于项目层级的管理，也不仅局限于依托微信平台，希望这种管理体系可以得到更加广泛的应用。

浅谈"建养一体化"公路项目
应注重的车辆问题

付石峰/中国电建集团国际工程有限公司

【摘　要】　近年来各国政府为吸引社会资本参与非收费公路建设,广泛采用"建养一体化"模式。在公路养护中,交通量风险、超载超限等车辆问题会导致养护成本增加、道路寿命缩短甚至投资项目终止,是投资人不可忽视的技术风险。投资人需要在"建养一体化"项目工作推进的各个阶段重视车辆问题,采取合理措施规避风险。

【关键词】　"建养一体化"　非收费公路　技术风险　交通量　超载超限

1　引言

非收费公路PPP项目一般采用"建养一体化"模式,由投资人出资完成道路建设并负责道路养护,政府部门根据建设期的进度和养护期道路的可用性分期向投资人付费。"建养一体化"属于PPP模式的一种,能缓解政府财政压力,充分发挥社会资本在技术、资金及管理方面的优势,在国内外得到了广泛的应用。"十三五"期间,贵州省在全国率先采用"建养一体化"模式推动普通国省干线建设,分3个批次实施了53个项目、1806km道路。湖北省推广非收费公路"建养一体化"模式,截至2019年5月已完成117个项目、3677km道路的招投标,总投资约409亿元。根据世界银行官网收录的数据显示,全球中低收入国家自2009—2018年推进或实施的公路PPP项目中,非收费公路共计189个。

在"建养一体化"模式中,投资人通过保证道路可用性获得持续稳定的收益,通行车辆与收益没有直接关系,故投资人对车辆问题的重视程度往往低于收费类公路投资项目。笔者认为,车辆问题在"建养一体化"公路项目中控制难度更高,潜在危害更大,需要投资人慎重对待。

2　"建养一体化"公路项目的特点

人们所熟知的收费公路一般是指在特定地点之间修建的封闭道路,只有少量的出入口,投资人可以在限定范围内有效开展运营养护工作。而"建养一体化"公路一般涉及普通国道、省道、县道或乡村公路,技术难度不高,不易引起政府方、投资人对技术方面的重视。不论是一个路段的项目或是多个路段组成的路网项目,为了充分发挥基础设施的便利性,"建养一体化"项目与周边区域都是交汇贯通的,和外部道路交叉路口数量较多,社会车辆可以自由出入,难于监管。涉及多个路段的项目,需要投资人投入更多的养护队伍、材料储备和设备,养护难度和成本大幅度提高。此外,"建养一体化"道路路况良好且免费通行,会产生明显的交通量诱增效应,维护成本和风险随之增加。

3　车辆问题的挑战

由于"建养一体化"公路具有开放性、区域分散、免费通行、诱增交通量大等特点,车辆问题可能导致的交通量风险和超载超限风险更为明显。

交通量风险主要指公路项目中通行交通量超过设计范围,导致道路服务水平降低,道路使用寿命缩短。当交通量达到基准通行能力时,对于交通流的任何干扰都难以消弭,交通事故将导致明显堵车,车流行驶灵活性极端受限,驾驶员行车体验极差。道路服务水平低于项目可用性指标要求时,将导致扣款或项目终止。以中国咸阳渭河三号大桥PPP项目为例,由于前期对交通量预估过于保守,项目建设规模不足,导致在运营阶段大桥频繁堵塞,服务质量无法达到预设标准,引起民众强烈不满。政府于2011年提前回购大桥经营权,项目提前终止。

车辆的超载超限问题受项目所在地区经济水平、公路运输行业政策、交通法规合理性、执法廉洁度等因素影响，在中低等收入国家是最普遍的项目风险之一。超载车辆行驶过程中将使面层结构产生车辙、推移和拥包，使持力层产生过大的应力及塑性变形，路面弯沉增加，造成路面网裂、变形、松散和坑槽。这类道路损伤修复时需要对整个路面结构进行重建，修补困难且花费较高。严重的超载甚至会导致桥梁等结构直接损毁，造成灾难性后果。除了养护成本增加、道路使用寿命缩短之外，行车安全风险增大、环境污染加剧等后果也会造成投资人收益降低甚至项目终止。北京八达岭高速公路、江西省昌九高速就因为超载超限问题严重而提前大修，管理严格的收费公路尚且如此，开放式的免费公路无疑面临着更加艰巨的挑战。

4 投资人对车辆问题风险的控制

虽然车辆问题相关风险在项目养护期才会显现，但在项目推进的各个环节都可加以控制，从技术层面规避风险，从合同层面转移风险，从实施层面管控风险。笔者建议可根据项目进度，着重在前期工作、合同谈判、建设、养护四个阶段采取相应措施。

前期现场考察中，投资人可对项目所在区域的交通情况进行考察，例如当地超载超限治理、类似已建成道路的养护情况等。条件允许时投资人可自行开展交通量数据采集，排除特殊气候、节假日、季节生产活动等偶然因素影响，和项目他方提供的数据相印证。笔者曾参与的肯尼亚某公路"建养一体化"项目，国内团队一度将超载问题视为潜在高危风险，后来通过考察临近道路、走访居民、咨询当地设计施工单位专门论证，发现该项目超载风险远低于国内类似项目。可见仅凭国内经验类推其他地区的车辆问题风险，可能导致风险评估过于谨慎或过于乐观，进而影响项目推进。

前期的设计工作以较小的费用占比决定着投资项目技术层面的效益和风险，因此投资人需要高度重视设计管理工作，选择设计时优先考虑其类似项目经验、项目所在地经验、当地资源储备、团队人员组成等条件。根据交通量设计道路结构时，需明确项目所在地的公路技术规范与国内技术规范存在的差异，尤其是道路结构等级与交通量换算的对应关系。"建养一体化"公路需加强超载监控、车流量监控等设施的布设，沿途可安设超载超限标识和法制理念宣传教育牌，提醒司机遵纪守法。

合同谈判阶段，投资人对技术风险的承担可视项目推进情况取舍，在合同中主要可以考虑设计、施工与运营养护各阶段的权利、责任、工作方式等。

合同的设计方面：可锁定公路结构相对应的交通量等级，若后期交通量超过设计水平，投资人可争取日常养护、大修或道路升级改造的合理补偿。

合同的施工方面：对于项目整体或部分路段提前竣工通车的情况，由于投资人需要提前开始养护，投资人可争取合理的补偿，比如增加养护金额或提前起算养护期等方式。

合同的养护方面："建养一体化"项目的可用性指标需要在当地技术规范基础上，结合实际经验进行完善，并根据技术方案变更及时调整。项目各方应明确车辆监控统计的方式，当条件允许时可选用电子监控系统，确保项目养护期所取得的交通量数据、超载超限数据可作为索赔或变更的依据。考虑到投资人通常不具备执法权，在养护期无法完全控制通行车辆，所以投资人可通过联合执法主动参与超载超限的治理。政府方根据超载超限情况给予投资人适量补偿，可用于道路养护，也可用于加强治超工作。同时，投资人可争取项目沿途新增设施的收益权以及项目方案变更的补偿或优先承包权等权益。

建设阶段，投资人可考虑将施工承包商与养护承包商选择为同一家单位，以避免养护期出现工程缺陷时的责任推诿。施工缺陷引起的工程质量风险最终都将由投资人承担，因此需要重视对施工承包商的监督管理。对于提前竣工并投入使用的路段，应按照相关技术标准提前开展日常养护、交通量监测及治超工作。

养护阶段，用于道路养护的费用可能低于养护违约导致的高额罚款，因此选择养护承包商时，投资人可要求其违约赔偿的上限需足以覆盖包括投资收益损失在内的最大损失。投资人在原有可用性指标基础上，可进一步提高养护工作的要求，灵活设立对承包商的奖惩机制。

养护阶段应重视交通量监测统计工作，合理布设监测点，所得数据需获得项目各方的认可。可采取传统的人海战术或结合自动检测装置开展治超工作，并通过日常养护预判路况的恶化趋势，提前发现潜在风险。日常养护中可选聘当地居民参与巡查、保洁工作，建立24h联动机制，上报车辆问题、突发状况等。

5 结语

在"建养一体化"公路项目中，做好养护工作，处理好车辆问题，既是挑战，也是机遇。车辆问题处理不当，将加速公路损耗，增加投资人的养护支出，影响项目回款甚至导致项目终止，给投资人带来巨大损失。而重视车辆问题、养护得当的公路则可为用户提供舒适的出行环境，为投资人带来可观的投资收益和企业形象等无形资产，达成社会、政府、企业的多方共赢。

浅谈建筑施工企业科技信息统计工作的重要性

李　莓/中电建路桥集团有限公司

谭　恺/中国电建集团山东电力建设第一工程有限公司

【摘　要】 本文阐述了科技信息统计的作用和需要遵循的原则，针对政府和主管部门重点关注的建筑施工企业的科技信息统计工作，分析了实际工作中存在的问题，提出了建筑施工企业科技信息统计工作的应对措施。

【关键词】 科技信息　统计管理　重要　措施

科技信息统计是用统计学的方法对科技活动等诸多信息，用一套可以有效测量的系统复杂机制的指标，对统计范围内科学技术活动的规模、结构及功能进行不间断的周期性的数量测定，为科技管理工作提供系统的、准确的信息统计数据及统计分析报告。

科技活动包括研发活动和非研发活动，研发活动主要包括基础研究、应用研究、试验发展，非研发活动主要包括研发成果应用、科技服务、科技教育与培训，是自然科学、人文科学和社会科学等领域中与科技知识的产生、发展、传播和应用密切相关的有组织的活动；具体分类见图1。

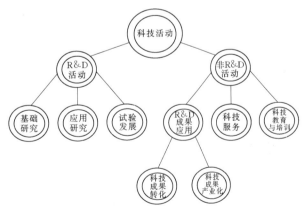

图1　科技活动分类图

其中，在建筑施工企业中大量存在的是试验发展、研究与试验发展成果应用、科技服务几种。科技信息统计主要是针对科技活动中涉及的人员、经费、科技产出以及对社会经济的作用影响等数据。

1　科技信息统计的作用

我国政府和有关部门非常关注建筑领域内骨干企业的科技信息统计工作，因为科技信息统计是国民经济核算体系所需要的，为"全面认识、深刻分析、系统评价"企业和国家不断发展的科学技术活动提供了数据支撑和科学手段。建筑施工企业自身也非常重视自身的科技活动统计工作，因为它是企业制定正确的科技政策和发展规划必需的工具，是努力为实施创新驱动战略的信息基础。没有完整、准确、可靠的科技信息统计资料，就无法合理地制定各种科技政策和规划，也无法把有限的科技资源在各项科技活动中进行有效的配给，也不能正确地评价科技政策和规划的实施效果。

2　科技信息统计遵循的原则

为了能够全面反映建筑施工企业科技发展状况，在资料收集、信息统计、分析决策时应坚持以下原则：

（1）服务大局。紧紧围绕企业科技管理工作，有针对性地收集统计信息，使之成为公司掌握科技研发情况的重要渠道，科研决策的参谋助手，指导工作的有效依据。在各种因素交叉影响的现代科研环境中，没有数据的支持和大量的分析，不可能做出符合实际情况、把握发展趋势又具有相对前瞻的科学决策。

（2）客观全面。科技信息统计工作要注重统计扩面提效，做到应统必统、应统尽统，提高统计信息的完整性。同时要加大统计调研力度，加强一线科研统计工作。用客观实际的统计数据记录和反映企业科技发展水平、质量和速度，全方位、多角度提供信息，确保集团层面科研统计数据全面客观。

（3）真实准确。对于科技信息的统计工作，准确而又真实的数据在任何地方任何时刻都显得尤为重要。企业从上到下需要设计一整套表格和系统来确保数据采集工作的有效进行，一线科技工作者需要对报送的数据信息负责，坚持实事求是、有理有据、准确无误，做到信息统计数据真实、严肃统一。

（4）及时高效。科技信息统计信息需在规定的期限内按照有关的报表文件，及时采集、及时传递，确保数据的时效性。一线科技信息统计数据按照报送的流程和体系，确保信息高效传递，为企业集团层面的数据统计和分析使用奠定坚实的基础。

（5）周期连续。统计工作是每隔一段时期定期开展的，按照统一的统计格式、在统一的标准时点完成数据的收集整理、统计上报等一系列流程。科学研究需要及时获取研究总体不断变化和发展的信息，连续性的数据统计便是获取这类信息的基本方法。用连续的统计数据记录和反映企业科技发展历史，也将进一步推动企业的科学技术发展。

3　企业在科技信息统计工作中存在的问题

近年来，建筑施工企业在实施创新驱动发展战略中，越来越重视科技研发管理工作，科技信息统计工作有所加强，各项统计制度体系收效明显，统计服务能力有了很大提升。但随着企业科研主体的日益扩大，统计调查对象日渐增多，日常实际的科技统计工作中还存在很多问题，亟待进一步加强、改进和完善。

（1）做好科技信息统计工作重要性的认识亟待提高。对于建筑施工企业来说，开拓市场拿订单是硬任务，也是企业各项工作的重中之重。因此，企业经营者的主要精力都放在市场经营上，而对科技管理工作则有所弱化。一些企业认为科技信息报与不报、准与不准对企业考核没有实际影响，对企业经营者个人绩效没有实际影响，所以科技信息统计工作经常出现不报、漏报或不按时上报等现象；一些从事科技管理工作的人员，对科技信息统计工作的重要性认识不足，片面地认为科技统计工作就是上报几个科技数据而已，导致一线统计人员为了完成工作而拍脑袋填报有关统计数据，造成了科技信息统计工作数据失真，不仅不能正确地反映企业客观实际的科研状况，而且还会误导企业科技规划的制定实施和有效管理。

（2）基层统计工作的基础不稳定。一些基层企业科技统计工作起步较晚，基础建设工作滞后，收集的原始数据比较随意，也没有建立完整连续的科技统计台账。同时科技统计工作涉及科研、技术、人力、财务、税收等专业知识，很多企业缺乏专业统计工作人才，没有专职的科技统计人员，从事科技信息统计工作的大都是兼职人员，这些兼职人员流动性较大，导致统计工作很难坚持始终如一的理解标准。科技统计人员频繁的调整或变动，资料也很难实现有效的交接，往往出现后期统计数据与历史数据出入较多，造成一些跨年度的指标取数困难。

（3）企业统计工作的体系不完善。科技统计工作涉及科研项目、基层组织、技术中心等各级机构，大家对科技统计的界定和指标含义的理解很难高度一致；科技统计工作又横跨工程技术、财务税务、人力资源、信息系统等多个领域，数据核算口径和遵循准则不一，很难实现顺畅的协调沟通，而所需填报的表格数据众多、交叉关联，十分复杂，从而出现"多龙治水"现象，有时是研究部门负责牵头填报，有时是财务部门负责牵头填报，造成上报的统计数据出现缺项、漏报、重复和自相矛盾等问题，无法保证统计数据的真实客观性。

4　应对措施

建筑施工企业的科技信息统计工作是一项复杂、系统的工作，为进一步强化科技信息统计工作，为企业实施创新驱动战略提供优质的科技信息服务，在实际工作中应认真做好以下几个方面：

（1）科技统计工作是企业科技创新的重要组成部分，要切实加强对科技统计工作重要性的认识和宣贯工作，企业分管领导应经常过问科技统计工作的落实情况，建立健全科技统计工作的规章制度和工作职责，通过制度的形式固化工作流程，不断提高对科技统计工作重要性的认识和工作质量，夯实企业科技统计的基础工作。

（2）健全科技统计监测与评价考核体系，提高工作考核中科技统计工作质量和考核的权重，要求企业负责人从亲自过问科研工作延伸到亲自过问科技统计工作；要加强科技统计工作实施过程中的沟通与协调，确立不同科技统计工作内容的责任主体，明确责任，并抓好落实。从事科技统计工作的人员应相对稳定，每年应对他们进行一次必要的业务培训，不断提高他们对科技统计工作的责任心和荣誉感。

（3）建立并完善适应企业科技发展的统计制度，指导科技统计工作对各种统计信息做出有效响应。充分考虑上级主管部门的需求和统计数据的普适性，分析各项数据的变更频率和重要程度，确定相应的统计周期，制定全面的统计报表，采用灵活的统计方式，尽可能减少基层机构多个渠道报送和大量重复报送。

（4）基层企业要做好原始记录的梳理工作，建立和完善科技统计台账，实现旧数据确认、新数据接续。规范台账管理，加强业务培训，使统计人员能够充分全面理解台账中各项指标的内涵、外延及数据之间的关系，也有利于统计台账的更新与维护。

（5）建筑施工企业需在总部层面加强沟通协调，应将统计数据的整理审核工作进行分解并落实责任到部门、到人员，固化科技统计数据在各部门之间的流转机制，诸如周期和方式，以便及时直接共享准确的数据，实现科技统计工作的结论统一。

（6）面向集团科技统计，不断打通各级企业之间业务集成应用，努力实现数据贯通，系统构建集团科技数据体系。深入推进信息化、智能化与科技统计管理深度融合，努力实现科技管理的数字化转型，切实提升科技统计为创新驱动发展的支撑能力。

5　结语

科学技术是第一生产力，科技信息统计工作是科技进步的基础。对于建筑施工企业来说，科技信息统计需要企业科技管理人员积极承担责任，做到统计指标熟知于心。同时需要运用科学的统计方法和手段，找准工作着力点，与时俱进、实事求是，让科技统计数据全面客观反映集团科技发展水平，为实现企业科技管理和发展规划提供重要依据。

新冠肺炎疫情下的国际项目合同管理

——解读 FIDIC《新冠肺炎指南备忘录》

魏　杰/中国电建集团港航建设有限公司

【摘　要】　近来新冠肺炎疫情在全球肆虐，罕见的危机接踵而来，美股四次熔断、油价暴跌、种族主义抬头，即使是同政治金融亦近亦远的我们也逐渐有了自己的思考，当然国际工程承包及建筑市场也不能幸免，面对突如其来的资金压力、劳动力短缺和供应链受阻等问题，一些政府或者非政府组织制定了一系列措施来指导各方应对危机，国际咨询工程师联合会（FIDIC）也在官网发布了针对标准合同使用者的《新冠肺炎指南备忘录》（以下简称《指南》）等，本文即对《指南》中的不同情形及建议进行浅析，并提出在具体实践中的注意事项。

【关键词】　新冠肺炎追偿　FIDIC

新冠肺炎（COVID-19）对国际经济秩序的冲击，大家有目共睹，在这场人类共同的灾难面前，人性的善恶、政治的虚实以及国家的博弈也都暴露无遗，有"人类命运共同体"的光辉，也有"种族主义"的阴霾。国际咨询工程师联合会（FIDIC）作为全球最权威的工程师咨询组织，致力于推动全球工程咨询行业高质量、高水平的发展，尤其在这次疫情面前，通过多种途径，借助各种渠道向正在遭受疫情冲击的国际工程行业及其相关行业进行风险防控的引导和合同应用的培训，对降低工程项目履约风险、减少工程合同纠纷等起到了极大的推动作用。

FIDIC官方于2020年4月中旬发布了对FIDIC标准合同使用者的《FIDIC新冠肺炎指南备忘录》（FIDIC COVID-19 GUIDANCE MEMORANDUM TO USERS OF FIDIC STANDARD FORMS OF WORKS CONTRACT）（以下简称《备忘录》），本着推动合同双方合作互信，不因合同地位偏袒任何一方，化解纠纷消除对立和以项目现金流为本的原则，从标准合同范本出发，遵循具体合同条件具体使用的思路，对合同主要相关方，即业主、工程师、承包商等，提出了具体的合同条款应用建议，从而尽可能化解合同各方由于疫情原因带来的合同纠纷，降低各方遭受的损失。

1　《备忘录》主要内容

世界各国根据自身疫情的发展情况，受本国政治、宗教等的影响，结合正常生产工作的需要，采取了不同级别的防疫措施，这些防疫措施对本地区的国际项目产生不同程度的影响，FIDIC在收集全球项目、各地区项目受疫情影响的统计信息后，《备忘录》主要总结出了以下几种常见的情形：

（1）承包商资源供应链受阻，而当地政府未发布疫情防控的相关法令。这种情形应该是我国承包商在近一段时期经常遇到的问题，我们的国际承包市场主要分布在非洲和拉美等发展中国家，当地政府工作效率较低，法治体系不健全，应急体系不完善，这就导致政府的很多行为是提前于法规颁布时间的，甚至没有法律依据。由于疫情防控需要、物资物料采购渠道关闭、人力资源不足等实际情况已经发生。另外，即使承包商资源供应链未受影响，但部分承包商为了配合所在国政府的防疫要求，现场反复地进行健康安全检测，极大地扰乱了承包商的工作计划，但这种反复的检测检验可能是由所在国政府直接实施的，也可能会通过业主指令进行。

（2）所在国地方政府发布指令（Restrict）限制施工活动，延缓合同双方履行合同义务。新冠肺炎的大形势下，仍然有一部分国家需要兼顾疫情防控和生产作业活动，当地政府通过制定或者修订法令的方式，对作业活动场所的防疫物资、社交距离、交通运输、工作时间等进行了严格的规定，导致承包商不得不降低工作效率，承担额外的费用，这也就构成了"工作实施范围的调整"。

（3）所在国地方政府通过颁布更加严格的法令禁止各种不必要的商事业活动。一般地方政府会通过临时法令，采取禁足、宵禁和隔离等措施来限制各种不必要的商事业活动，使承包商所承建的项目现场施工活动也要全面停止。面对这种情形，承包商首先应该想到的就是"法令的变更"条款，当然这也是《指南》中优先推荐的条款，因为该条款不仅提到了工期的补偿，也有费用的补偿，另外一个选择就是"不可抗力"或者"异常事件"的相关条款。

（4）为了疫情防控的需要，业主方人员往往采用远程办公这种形式来处理相关事务，大大降低了工作效率。如果项目所在地政府并未强制停止不必要的户外商事活动，而项目主要相关方，即业主和工程师为了疫情自我防护的需要，采用远程办公的方式参与项目现场管理，这在国际工程中也是比较常见的，很多项目的工程师来自西方国家，而随着西方国家的疫情愈演愈烈，项目工程师团队也会习惯性的进行远程办公，导致现场决定不及时，对承包商的现场工作效率带来极大的影响。针对以上这样的情形，《指南》中主要推荐通过"竣工时间延长"的条款进行追偿。

2 追偿途径及应对措施

以上几种典型的情形其实并不可能进行严格的区分，而是一种防疫措施不断升级的过程，《备忘录》在FIDIC通用条款框架内给出了推荐性的条款，当然也不限于以下所列条款。

（1）由于流行病或政府行为引起的，不可预见的人员和物资短缺（或业主负责提供的物资）（2017版红皮书8.5款）；由于流行病或政府行为引起的，不可预见的人员和物资短缺，且应由业主方负责提供的（2017版银皮书8.5款）；不可预见的物质条件（1999版8.4款）。承包商作为举证方，要及时收集世卫组织（WHO）或者是当地政府将新冠肺炎确认为流行病·（Epidemic）的官方文件，并随同索赔通知抄送业主方和咨询工程师；在当地政府发布疫情指令的情况下，应配合执行所在国政府的疫情防控措施，并进行图文记录；同时对人员和物资供应受阻的情况也应进行同期记录，这也是我国承包商最容易忽视的管理内容。以上的推荐条款中只是规定了工期的索赔，并未对承包商可能遭受的费用损失进行明确界定；因此，承包商在通过以上条款发起索赔时，应借鉴其他涉及费用补偿的符合条款，比如法律变更条款或者通过有效的法律规定获得费用补偿。

（2）当局造成的延误（FIDIC 1999&2017 8.5款）。承包商在使用该条款的过程中必须要满足以下条件：

1）承包商已努力遵守了工程所在国当局所制定的程序；

2）当局的行为已经延误或中断了承包商的工作；

3）该种延误或者中断是不可预见的。

此外，有利的进度计划就显得尤为重要，因为只有通过进度计划才能最直观地反映所在国政府的重复检测行为延误或者中断了承包商的工作计划。但是该条款也未提及费用的补偿，如果承包商由于配合所在国政府工作而遭受了较大的费用损失，应通过其他条款或者是政府渠道寻求费用补偿。

如果重复的检验检测是通过业主或者是工程师指令进行，《备忘录》并未给出相应的推荐条款。除了可以通过上述推荐条款寻求补偿外，还可以通过指令变更的方式寻求补偿。以FIDIC 1999版红皮书为例，主要涉及以下的条款可供选用：

1）工程师的指令（3.3款）；

2）实施工程的顺序或时间安排的改变［13.1（f）款］；

3）承包商的索赔（20.1款）。

在使用以上条款的过程中，应着重注意"指令"的书面化，实际施工过程中，业主方或者工程师一般采用口头方式发布指令，承包商应在执行指令之前，及时通过回函确认的方式将口头指令书面化，或者敦促其签发书面指令，只有书面指令才能视作引起变更的依据，进而才便于承包商发起相应的变更索赔。

（3）法律的调整（FIDIC 1999版13.7款、FIDIC 2017版13.6款）。在该条款的框架下，我国的承包商应该重新审视"Law & Legislation"所对应的中文释义，在"法律调整"成立的情况下，承包商不仅可以获得工期补偿，也可以获得费用和利润的补偿。承包商为了遵守所在国政府的新冠肺炎防控措施所导致的费用增加一般涉及设备的闲置费、人工不足、防疫标准提高产生的费用以及其他间接费用和由此引起的利润减少等。

（4）不可抗力（FIDIC 1999版19.1条款）；异常事件（FIDIC 2017版18.1条款）。这也是目前多数承包商的追偿途径，但是在此条款下获得业主方支持的成功案例并不多，大致有以下几方面的考量因素：

1）要根据具体的合同确定是否有"不可抗力"或"异常事件"的条款。有些单边合同中会将类似的条款或者规定作废，或者转移给承包商承担风险。面对这种状况，承包商应尝试从当地法律法规和合同的订立原则入手，论证该种规定的有效性，比如是否在一定程度上违反了"公平原则"，不符合"风险管理成本最低"和"风险收益对等原则"等；其难度极高，只能作为承包商退无可退的选择。

2）"不可抗力"成立的基本条件是不能预见、不能避免、不能克服。在这一点上，我国的《民法通则》《合同法》的规定与FIDIC通用条款的规定也完全一致，这说明国内外对于"不可抗力"的成立条件的认知是一致的。具体操作中，有些合同规定了"不可抗力"的范围，比如：战争、入侵、恐怖主义、军事政变、非承包商原因引起的罢工和骚乱、放射性污染、自然灾害、瘟疫等。新冠肺炎病毒满足"不可抗力"成立的三个基本条件，那么重点就是要证明该病毒在项目当地属于瘟疫或者大流行病等，承包商应借鉴当地卫生组织或者是世卫组织（WHO）的相关规定进行论证。比如世卫组织在 2020 年 3 月 12 日，将新冠肺炎病毒确认为"全球性大流行病（Pandemic）"，命名为"COVID－19"，这对承包商通过"不可抗力"追偿比较有利。

3）由于新冠肺炎病毒早在 2019 年年底就已经区域性爆发，有些承包商在 2020 年 1 月或者 2 月就已经向业主方发出了"不可抗力"的函件。如某南亚地区国际项目，在 2020 年 1 月，就向业主方发出新冠肺炎病毒为不可抗力的函件，主要理由是项目多数管理人员和工人均在疫情中心湖北省境内，受国内疫情管控影响无法按时返回项目现场，项目无法按时复工；且该疫情是承包商不可预见的，属于不可抗力，提出索赔要求，但被业主方拒绝。业主方拒绝的原因主要包括：合同中未将传染病列入"特殊风险"，即"不可抗力"；疫情仅在中国发生，属于区域性疾病；其他项目未受疫情影响，承包商应从其他渠道协调人员进场施工等。由此可见，没有政策性的依据，而去证明新冠肺炎病毒属于"不可抗力"是比较困难的。

2020 年 3 月 12 日，世卫组织将新冠肺炎病毒确定为"全球性大流行病"之后，包括中国在内的一些国家先后将新冠肺炎病毒确认为"不可抗力"。如：2020 年 2 月 10 日，中华人民共和国全国人民代表大会常委会法制工作委员会将新冠肺炎病毒确定为"不可抗力"；2020 年 3 月 16 日，法国财政部也将新冠肺炎病毒确认为"不可抗力"。这对所在地的国际项目而言无疑是有利的，这也是当地政府对于本地项目的政策性支持，对于权衡抗疫和复工复产有着积极的作用。当然，论证"不可抗力"还要考虑项目的资源受限情况、资源来源地的情况、项目所在地资源的替代情况等。

"不可抗力"和"异常事件"仅就承包商和业主的责任分摊确定了原则，只是提及了工期的补偿，并未涉及费用补偿的事宜，同时不可抗力的论证也是一个难点，因此，该条款也不应该成为承包商的最佳选择，只是作为一个应用范围较广的备选项。

（5）竣工时间延长（FIDIC 1999 版 8.4 条款 & FIDIC 2017 版 8.5 条款）。该条款主要是针对业主方人员远程办公所引起的指令延误的情况。首先，承包商要有实操性进度计划，并获得工程师的批准，批准的进度计划也是业主方人员进行工作安排的依据。比如现场的检验检测的工作安排、各种节点的验收工作等，工程师都需要根据承包商的进度计划对业主方人员进行安排。如果由于承包商未能完全按照批准的进度计划进行施工活动，引起业主方人员的工作安排混乱，业主方不

会承担由此造成的损失，而我国承包商对于进度计划的管理又恰好是我们的薄弱环节。其次，在这种特殊情况下，业主方人员远程办公，为了规避风险，一般采用口头指令的方式进行决定，即使承包商通过回函确认的方式落实口头指令的有效性，这对承包商而言仍是一个较大的风险。最后，承包商作为国际工程的一个弱势方，若要使得业主方认可自身的错误，这本身就不是一个明智的选择，但可作为承包商在同业主方沟通谈判中的一个砝码，用以促成其他纠纷的有利解决。

3 追偿中的注意事项及思考

合同措施仅仅是承包商追偿过程中的一个必要手段，与项目各相关方建立良好的合作氛围，构建高效的沟通渠道是项目成功的基石，也是项目追偿得以实现的前提。在《备忘录》框架下，承包商一方面应根据合同条款认真履行追偿程序，另一方面应做好追偿途径的适用性分析，根据项目实际情况选择最优的追偿依据；因为追偿依据一旦确立，一般在后续的谈判过程中很难更换。比如：目前多数承包商期望通过"不可抗力"挽回新冠疫情的损失，这本身就是对合同条款缺乏有效性分析的一个危险信号。

项目实施的前提是要符合当地的法律法规，这也是 FIDIC 通用条款中的规定，也是合同管理的前提。因此，承包商若要深耕某一地区，持续推进属地化经营，就应该在当地培养自己的合同管理团队，同当地知名的律师事务所建立长久的合作关系，以便在法律法规变更时，及时获得变更信息及变更后的应对指导。同时结合合同条款，应及时地确定追偿途径，以免因延期违反相关条款额时效性规定，丧失合同优势。

承包商作为项目实施的主体，应积极履行 HSE 的相关责任。自新冠肺炎在世界范围内爆发以来，有不少国际承包商通过当地工会或者领事馆等捐赠防疫物资，获得了所在国当地政府的肯定；但是国际承包商在应对新冠肺炎，履行 HSE 和社会责任，强化市场影响的同时，也应树立避险意识，防止因履行社会责任引起的诉讼纠纷。

4 结语

随着各国防疫进程的不断推进，防疫措施也更加严厉，更加细化。国际工程在实施过程中遇到的问题也会越来越多样化，《备忘录》中提到的情形只是 FIDIC 官方遇到的阶段性的典型性情形，FIDIC 根据具体情形和不同适用版本给出了纲领性和指导性的建议。承包商应该根据自身合同的专用条款，结合该《备忘录》的具体内容，适时发起索赔，并在有序防疫的前提下，注意防疫过程的图文记录，形成同期文件以充实索赔报告的内

容，在合作共赢的前提下开展有理有据的索赔。项目各相关方，尤其是项目工程师、争端解决委员会（DAB）应该本着公平公正的态度，在充分有效沟通的前提下，保证合同双方责任划分的合理性，着力避免进一步的仲裁或者诉讼行为的发生，各相关方也应该充分认识本次疫情的复杂性，履行社会责任，深化长期合作。

国内外大坝安全体系现状综述[*]

杨　光　左生龙/中国电建集团国际工程有限公司

张　帅/中国电建集团昆明勘测设计研究院有限公司

【摘　要】 本文阐述了国内外大坝安全评价和除险加固的必要性，介绍了国际大坝安全体系的现状和存在的问题，以及中国大坝安全法规体系、大坝安全管理体制体系、大坝注册管理、大坝安全检查和鉴定、大坝安全监测系统、大坝安全应急体系、大坝安全评价与风险管理体系、大坝安全管理信息系统等大坝安全体系的现状，分析了全球大坝安全体系发展趋势，并提出了关于大坝安全体系发展的思考和建议。

【关键词】 大坝　安全体系　病险水库　可持续发展

可持续发展已成为全球性的发展战略思想，作为水利人必须重视研究、探索水利事业的可持续发展问题。大坝的安全是水利事业可持续发展的根本，如果不能保证水库大坝的安全，可持续发展便无从谈起。

全世界现有库容百万立方米以上的水库大坝达11万余座，主要兴建于20世纪60—80年代，平均建成时间达到50年以上。受时代背景、建设资金和技术水平等方面的制约，相当一部分水库大坝未执行基本建设程序，存在防洪标准低、工程质量差等安全隐患问题，加上工程老化、管理维护不及时等不利因素的影响，导致水库不能安全有效运行，形成了大量病险水库。水库大坝的病险问题大大削弱了水库的拦蓄、调配能力，严重影响了水库效益发挥，同时也给下游城镇、交通干线等造成严重威胁。

病险水库不仅不能正常发挥效益，而且存在很高的溃坝风险，严重威胁下游公众安全与经济社会的可持续发展。历史上因大坝监测与预警不力造成的大坝失事事故至今令人不寒而栗，造成的经济损失触目惊心。20世纪70年代河南省的板桥水库和石漫滩水库，法国马尔帕塞拱坝，美国的House Creek土坝、Jules-berry土坝等事故，2017年美国奥罗维尔大坝溢洪道事故，2018年老挝"7·23"溃坝事故，缅甸施瓦水库溃坝，2020年乌兹别克斯坦萨尔多巴水库溃坝，美国密歇根州伊登维尔大坝和桑福德大坝溃坝等噩梦般的灾难至今让人难以释怀。

1　国外大坝安全体系现状

世界上绝大多数国家都制定了有关大坝安全的条例和法令，并由政府有关部门负责，少数国家责成业主负责。通常，大坝业主也都不同程度地制定了管理其大坝安全项目中各种要素的方法和流程。一些国家的方法和流程都以国际大坝委员会或世界银行导则相似的导则为基础，但分别建立在大坝业主运营所处管辖的监察和管理框架范围内。美国政府在1972年出台了《国家大坝安全法》，1979年又出台了《联邦大坝安全规则》。1996年，美国国会通过了"水资源开发法案"，其中第215节提出了多项旨在提高全国大坝安全水平的计划，2006年"大坝安全法案"被正式写入法律。上述几项文件均为由美国联邦政府颁布的联邦法令，全美除亚拉巴马州以外，其他各州政府都制定颁布了独立的大坝安全管理法令，或在水资源开发法案中明确了大坝安全管理法令。各联邦机构按联邦法令管理各自拥有的大坝，为确保其安全，2004年由联邦应急管理署颁布的"联邦大坝安全导则"是各联邦机构的行动指南。1930年，英国颁布了《水库法》，它在威尔士的科迪坝漫顶失事导致16人死亡后出台，这是世界上第一部水库安全法。1975年英国对原有法律进行了扩展和改进，形成了新的水库安全法，对行政管理和技术管理两个方面做了明确规定，并赋予地方当局有水库注册、执法和应急处理的权力，对水库安全实行监察。其后，发布了《大坝安全导则》。在过去的20年里，发布了一系列技术指南，如《洪水

---

* 基金项目：本文已获得中国电力建设股份有限公司科技项目经费资助。

与水库安全指南》《堤坝安全指南》《土石堤坝缺陷勘查和排查指南》《英国大坝地震风险指南》等。加拿大设有大坝安全委员会，负责全国大坝安全规章的制定、审查，其制定了《加拿大大坝安全导则》。加拿大联邦政府授权省与州议会立法，由省或州政府制定相应的法规。

纵观世界上绝大多数国家的大坝安全管理体制，一般都是由政府部门负责监管。美国、英国、瑞士、加拿大、挪威等国对水库大坝安全管理各有特色，但基本原则几乎一致：大坝业主负责安全，政府负责监督。美国不管是联邦法律还是州法律，都明确规定水库大坝业主对其安全负责。根据不同的水库大坝业主，政府的监管分为联邦管辖和州管辖。联邦管辖的水库大坝主要包括两类：一类是属于联邦政府所有的水库大坝，包括垦务局、陆军工程师团、田纳西流域管理局等联邦机构投资建设和运营的水库大坝；另一类是联邦能源委员会管辖的，作为水电工程组成部分的非联邦水库大坝，大坝由州立机构和私人业主所有，多数为私人所有。总的来说，美国联邦所有的水库和非联邦所有的水库，呈现出两种不同的管理体制。各联邦机构都成立了大坝安全管理办公室，大多数州也成立了大坝安全管理机构。学术团体和非政府组织在美国大坝安全工作中发挥着重要作用，如美国大坝委员会（USCOLD）、州大坝安全官员联合会（ASDSO）等，这些组织推动各州制定切实可行的大坝安全计划，并制定了供所有州使用的联合准则，使各州计划保持一定程度的统一。英国大坝安全管理体制中最明显的特点是除了水库业主负责安全，执法局负责监督外，有资格的土木工程师专家组在大坝安全管理中的作用也以法律形式得到确立。有资格的土木工程师专家组的技术支撑作用在水库业主与执法局之间架起了桥梁，既可以从专业的角度给业主提供帮助，也可以解决执法局缺乏专业人员的困境。加拿大联邦政府内设有水利、水电方面的行政机构，大坝运行安全管理的日常工作由各省所属的二级管理机构负责。瑞士由联邦能源署直接监管那些规模较大的水库大坝，州政府大坝安全管理机构负责监管规模较小的坝。瑞士的大型水库和大部分小型水库均为私人所有，只有少部分为地方市、镇政府所有，业主对其安全负责。

在大坝安全注册管理方面，美国应用国家大坝名录（NID）数据库系统跟踪管理全美国水利设施、土地管理、风险管理和应急行动计划等信息。系统信息来自51个州和16个联邦机构，是一个动态在线数据库，定期接受参与用户的信息更新。该系统提供基于万维网络的信息查询服务，并利用一套地理信息接口系统来显示和分析数据。根据美国国家大坝名录，至2013年，美国注册登记的大坝总数为87359座。按水库权属划分，联邦政府拥有水库3808座，约占水库总数的4.5%；州政府拥有水库6435座，约占水库总数的7.5%；州政府

拥有水库15938座，约占水库总数的18%；私人拥有水库56541座，约占水库总数的65%；公共事业或其他性质的水库4637座，约占水库总数的5%。目前纳入瑞士政府监管的各类大坝共有1197座，联邦能源署监管222座大型坝（4座超过200m，25座超过100m）以及20座大型滚水坝（堰），大多为私人所有。州政府大坝安全管理机构监管955座小型坝，既有私人所有，也有地方市、镇政府所有。

在大坝安全监控体系方面，不同国家根据国情设立了不同的监控体系。如瑞士立法确立了四层大坝安全监控体系：第一层次，大坝运行人员定期开展全面细致的巡视检查和仪器监测，对设施、设备进行维护；第二层次，业主委派的资深工程师对监测结果进行分析，开展年度检查，编制年度大坝安全报告；第三层次，由大坝安全监管机构确认的两名独立专家（一名土木工程师、一名地质工程师），每五年进行一次深入的大坝安全评估；第四层次，大坝安全监管机构对前三个层次的工作进行监督管理。出于安全考虑，必要时监管机构可命令业主放空水库或降低水库运行水位。加拿大立法明确水库大坝业主负责对水库大坝定期检查，并安装必需的仪器设备，但所有水库大坝的安全审查工作必须由专业工程师进行。大坝安全状况的检查、安全评价由大坝业主出资，聘请独立的、有从业执照的专业工程师完成。专业工程师要对水坝安全报告中所提出的水库大坝安全审查结果负责。英国根据职责和义务，将责任人和组织机构分为水库业主、有资格的土木工程师、执法局、国务大臣四类，明确规定了他们各自的职责和权力，通过四者的相互配合和制约，共同保障水库安全运行。

在大坝安全检查和监测方面，美国制定了一系列指导文件，规定定期监测应包括对勘测、设计、施工和运行文件的审核，大坝及其附属结构的现场检查及大坝安全评价等。定期检查的频次各机构、各州略有不同。1990年后，美国越来越多的大坝安装了大坝监测自动数据采集系统ADAS。英国《水库法》规定，应由经政府委任的检查专家组对水库大坝定期进行安全检查。实施检查后，要呈交检查报告，检查工作的指导手册为《大坝工程实用手册》。对那些需要监测的水库应安装仪器仪表，并进行观测。

在大坝安全信息系统的应用方面，国外大多数是大坝安全管理基本要素的数据库或基于风险的决策系统。美国大坝安全计划管理工具（DSPMT）是一个信息采集和管理系统，旨在提供给联邦和各州的大坝安全信息管理者信息化工具，帮助其获取准确的大坝安全计划执行信息，判断计划执行的状态和是否存在需要改进的工作流程。国家大坝职能系统（DPDP）是用来检索、存档和发布美国大坝信息和运行状态的系统。

大坝风险分析和管理是近年来发展起来的关于评价大坝对下游威胁程度的方法，建立在大坝失事概率分析

和大坝失事所造成的下游经济损失估算的基础上。美国、澳大利亚、英国、瑞典、巴西、芬兰等国陆续将风险分析和管理技术应用于水库大坝管理领域。目前，确定合理的标准存在挑战。另外，大坝安全管理是业主和管理机构的工作，在日常管理中，工程规程规范的要求远远不能满足"基于风险"（risk-based）的安全管理需求。

2 我国大坝安全体系现状

我国的水电站大坝安全法规体系由相关法律、法规、部门规章、规范性文件构成。现行相关法律主要有《水法》《防洪法》《安全生产法》；相关条例主要有国务院发布的《水库大坝安全管理条例》《防汛条例》《电力监管条例》《电力安全事故应急处置和调查处理条例》；部门规章主要有国家发展和改革委员会发布的《电力安全生产监督管理办法》《水电站大坝运行安全监督管理规定》；行政规范性文件主要有国家能源局发布的《水电站大坝安全注册登记监督管理办法》《水电站大坝安全定期检查监督管理办法》《水电站大坝安全监测工作管理办法》《水电站大坝除险加固管理办法》《水电站大坝运行安全信息报送办法》《水电站工程安全鉴定管理办法》《水电站工程验收管理办法》《混凝土坝安全监测系统施工技术规范》等；水利部发布的《水库大坝安全管理应急预案编制导则》《水库大坝安全评价导则》《水库大坝安全鉴定办法》《土石坝安全监测技术规范》《混凝土坝安全监测技术规范》等。根据《水库大坝安全鉴定办法》和《水电站大坝安全管理办法》规定，一般每5年，最多不超过10年、特殊情况进行特种检查的要求，对水利大坝和水电站大坝开展大坝安全定期检查或鉴定，评定大坝安全等级。定期检查是对运行大坝及其附属设备定期全面检查和评价，发现和诊断大坝存在的缺陷和隐患，提出补强加固和改善措施，推动补强加固工作，提高大坝本质安全。水电站大坝自1987年开展定期检查以来，历时30年完成了四轮定期检查，共计701座坝次。水利大坝从1995年开始，对大型水库大坝开展安全鉴定，取得了一定的成效。

目前，我国的大坝基本上分水利和水电两块管理。水利部作为国务院水行政主管部门，履行的是综合监管职责，同时负责水利行业所属大坝的安全监管，履行行业监管职责。以防洪、灌溉、供水为主要功能的水库大坝由各级水行政主管部门负责监管。水利部大坝安全管理中心负责水利大坝的安全监察工作。国家能源局作为能源行业主管部门，履行装机5万kW及以上大、中型水电站大坝的安全监管职责。国家能源局电力安全监管司负责综合监管，国家能源局派出机构负责辖区监管，国家能源局大坝安全监察中心负责技术监督管理服务。对5万kW以下小型水电站，审核、核准小水电项目的地方人民政府是小水电站的安全生产监管责任主体。

我国在大坝注册备案管理方面正在逐步完善。根据《2016年全国水利发展统计公报》，全国已建成各类水库98460座。截至2018年1月底，完成注册登记的水库95631座，尚有2800多座水库未完成注册登记。根据《水利部办公厅关于抓紧完成已建水库大坝注册登记工作的通知》内容，要求于2018年7月前完成对全国所有已建水库大坝的注册登记。目前在国家能源局大坝安全监察中心注册备案的水电站有579座，坝高超过100m的有128座，其中超过200m的有12座。水利部大坝安全管理中心汇总全国水库大坝注册登记资料，开发建设了"全国水库大坝基础数据库信息系统"，目前已收录全国9.5万余座水库大坝基础数据、近1万座所有大中型和重点小（1）型病险水库数据、6000余座专项规划实施的除险加固水库数据、3500余座我国所有溃坝数据、近2000座国外典型溃坝数据，是目前我国最完整、最权威的全系列全要素国家大坝基础数据库，为水库大坝安全行业管理提供信息服务平台。

目前，我国水利大坝安全监测系统所处状态主要可分四类，即已进入自动化监测阶段、尚处于集中遥测阶段、初级阶段和空白阶段。各省、各水库的安全监测工作发展极不平衡，差距很大。发展快的已经实现了监测自动化，但绝大多数仍处于初级水平甚至空白。目前95%以上的水库大坝安全监测所得观测资料无法及时分析，难以及时为大坝安全服务。在国家能源局大坝安全监察中心注册的大中型水电站大坝，绝大多数都建有安全监测系统，其中约61%实现了自动化监测。受行业技术水平和管理能力限制，目前水电站大坝的监测系统仍普遍存在一些问题，如监测项目或监测点不完备，监测设施或方法不可靠，测读不及时等。

目前我国已经基本建立了适合国情特点的大坝安全应急管理体系，大坝安全应急管理实行"国家统一领导、综合协调、分级负责、属地管理"的管理机制体系。大坝突发事件应急组织体系，由各级人民政府、军队及武警、水行政主管部门、能源主管部门及监管机构、电力企业等组成。大坝安全应急机制通常包含预防预警机制、信息报告机制、相应联动机制、恢复重建机制、应急保障机制等。

当前，我国对水库大坝安全评价主要依照设计规范分别对抗滑稳定、抗震设防标准、渗流稳定以及抗裂、防洪等因素分项进行安全评价分析，水利规范采用单一安全系数法，水电规范采用分项安全系数法。我国水库大坝风险分析与管理起步较晚，目前，研究和应用尚处于初级阶段，风险分析和风险管理技术与理论未能有效应用于大坝安全管理中。2013年，我国住房和城乡建设部和国家质量监督检验检疫总局联合针对大中型水电工程发布了《大中型水电工程建设风险管理》，这是我国水利水电行业首个风险管理的国家标准。如何在水利水电工程，尤其是在流域管理中，实现基于风险的安全管理，仍需基于实践继续摸索。

我国水利工程运行管理信息化建设受传统观念、技术经济条件制约，长期处于滞后状态，信息资源共享渠道不畅、信息分析应用与预警薄弱、区域信息管理平台协同性差、水利工程运行管理主体与安全监督主体难以互连互通，已经成为推进水利信息化建设薄弱环节和短板，与保障经济社会健康发展对水利工程安全运行和效益充分发挥的要求极不适应。我国在糯扎渡、溪洛渡等工程上已开始运用智慧建坝技术；水利部大坝安全管理中心正在开发建设"全国大型水库大坝安全监测监督平台"，并将于2019年年底之前建成并投入运行；能源局大坝安全监察中心完成了涵盖全国电力系统500多座水电站大坝、上百家发电企业和多个监管单位的大坝运行安全监管信息系统。但就我国水电行业整体来说，在新一代信息技术应用方面还处于起步阶段。比如，对于9.8万座水库大坝全面感知能力明显不足，绝大多数中小水库缺少监测数据，更谈不上互连互通和数据共享。

3 全球大坝安全体系发展趋势

（1）许多国家的主管部门和社会公众对大坝安全比过去更加关切和重视。由于坝的数量日益增多，出现了更多的高坝、大库，水坝安全和社会经济及人民生活的关系更加密切。已建坝的年龄逐渐增长，老化现象已引起人们的注意。随着经济的发展坝下游人口更加密集，大坝溃决将使下游损失惨重。这些情况导致许多国家采用立法、行政、经济和技术的手段，进一步保证大坝安全。

（2）一些水利开发成熟的国家的新坝建设数量已明显减少，主要注意力和技术力量逐渐向坝工管理转移，加强了对已建坝的监测、控制。特别是美国等发达国家，在安全评估的基础上，加大了对老坝的重建工作。另外，因其水利开发起步较早，在水坝寿命超过其经济使用年限、水坝功能丧失或本身就是病险坝且维修费用高昂的条件下，拆坝被视为更为经济的选择。

（3）科学技术的进步，特别是应用数学、弹塑性力学、岩土力学、计算机科学、数据处理技术、微电子技术、仪器量测技术、通信技术等的发展，从理论基础和技术手段上为坝工安全评估和监测的发展提供了有力的支持。

（4）从目前的发展看，风险分析与风险评估作为传统方法的重要补充，必将在未来的大坝安全管理决策中发挥重要作用。随着风险分析与风险评估技术的发展，提出了风险告知（risk-informed）的大坝安全管理，即将风险分析的结果纳入传统的确定性安全管理中，使其成为传统确定性方法的一种补充；这是基于风险的安全管理的重要发展。

4 大坝安全体系可持续发展的思考

一是加强资金的投入。在病险水库管理的过程中，资金问题比较严重，影响了水库管理的效率和水平，导致一些病险水库年久失修而发生安全问题。通过加强财政资金投入，主动地承担病险水库管理的责任，从而能够促使地方政府开展病险水库的除险加固工作。除了政府财政资金的投入之外，在病险水库项目管理的过程中应当主动地引入社会资本，通过借助市场的力量来做好病险水库的管理工作。这对于弥补病险水库的资金缺口、充分发挥水库的经济效益等具有重要的帮助。一些小型水库的造价比较低，投资比较小，能够通过灌溉养鱼等获得收入，这些水库得到了社会资本的重视。社会资本的投入也带来了优质的经济资源和社会资源，能够与当地的其他产业结合在一起，如水光互补、风光互补等的新能源建设等，实现相互发展，一定程度缓解病险水库建设管理中的资金难题。

二是完善大坝智慧管理。要运用数字化、物联网、人工智能等现代信息技术，着力完善水库大坝基础信息系统，发展水库大坝智慧管理技术。研发水库大坝安全信息挖掘及健康诊断成套技术，集成开发水库大坝安全智慧管理决策系统，构建水库大坝安全监管云服务平台，支撑行业主管部门监测监督与应急决策提高水库大坝安全管理信息化水平与突发事件应急管理能力。

三是加强大坝风险分析和评价的研究和实践。目前，大坝风险分析与风险评价主要集中在研究领域，如何结合不同国家的国情，在先进风险分析方法的基础上，建立适合所在国国情的大坝风险分析评价体系和相应的管理决策系统，是我们未来一段时期需要研究的重要内容。

5 结语

我国当前已建水库大坝有9.8万座，其中运行超过50年的大坝占1/3，切实加强大坝安全管理工作对于我国具有非常重要的意义。从目前的发展水平看，尽管我国的大坝安全管理特色鲜明，进步显著，但与发达国家相比，在系统性、科学性方面尚存在一定差距，相关法律、法规的制定和执行也存在一定问题。

我们要跟踪世界前沿，牢牢把握国际大坝安全管理新动态，积极引进发达国家成熟的先进技术和先进经验，着力推进我国水库大坝安全管理规范化、精细化、现代化，严格落实水库大坝安全管理制度，并争取参与国际规范的编制。同时，要加强水库大坝安全管理关键技术研究。深入开展溃坝机理与防范对策、水库大坝风险管控技术、水库（水闸）淤积防治技术、基于风险理论的多目标水库调度运用技术等基础性研究，着力解决水库大坝安全管理中的难点问题。

参考文献

[1] 冯永祥. 水电站大坝安全管理综述 [J]. 大坝与安全, 2017 (2): 1-6.

[2] 王艳玲, 张大伟, 周大德. 国外水电站大坝安全管理机制体制研究 [J]. 中国水能及电气化, 2015, 120 (3): 36-39.

[3] 王正旭. 美国的大坝安全管理 [J]. 水利水电科技进展, 2003, 23 (3): 65-68.

[4] 吴素华, 盛金保, 蒋金平. 瑞士大坝安全监控模式 [J]. 大坝与安全, 2012 (5): 59-62.

[5] 聂广明. 水电站大坝安全定期检查创新和要求 [C] //中国水力发电工程学会大坝安全专委会. 中国水力发电工程学会大坝安全专委会 2017 年暨"大坝运行安全管理机制理念创新"学术交流会论文集. 郑州: 中国水力发电工程学会大坝安全专委会/国家能源局大坝安全监察中心, 2017: 76-80.

征 稿 启 事

各网员单位、联络员：

广大热心作者、读者：

《水利水电施工》是全国水利水电施工技术信息网的网刊，是全国水利水电施工行业内刊载水利水电工程施工前沿技术、创新科技成果、科技情报资讯和工程建设管理经验的综合性技术刊物。本刊宗旨是：总结水利水电工程前沿施工技术，推广应用创新科技成果，促进科技情报交流，推动中国水电施工技术和品牌走向世界。《水利水电施工》编辑部于 2008 年 1 月从宜昌迁入北京后，由全国水利水电施工技术信息网和中国电力建设集团有限公司联合主办，并在北京以双月刊出版、发行。截至 2019 年年底，已累计发行 72 期（其中正刊 48 期，增刊和专辑 24 期）。

自 2009 年以来，本刊发行数量已增至 2000 册，发行和交流范围现已扩大到 120 多个单位，深受行业内广大工程技术人员特别是青年工程技术人员的欢迎和有关部门的认可。为进一步增强刊物的学术性、可读性、价值性，自 2017 年起，对刊物进行了版式调整，由杂志型调整为丛书型。调整后的刊物继承和保留了原刊物国际流行大 16 开本，每辑刊载精美彩页 6～12 页，内文黑白印刷的原貌。本刊真诚欢迎广大读者、作者踊跃投稿；真诚欢迎企业管理人员、行业内知名专家和高级工程技术人员撰写文章，深度解析企业经营与项目管理方略、介绍水利水电前沿施工技术和创新科技成果，同时也热烈欢迎各网员单位、联络员积极为本刊组织和选送优质稿件。

投稿要求和注意事项如下：

（1）文章标题力求简洁、题意确切，言简意赅，字数不超过 20 字。标题下列作者姓名与所在单位名称。

（2）文章篇幅一般以 3000～5000 字为宜（特殊情况除外）。论文需论点明确，逻辑严密，文字精练，数据准确；论文内容不得涉及国家秘密或泄露企业商业秘密，文责自负。

（3）文章应附 150 字以内的摘要，3～5 个关键词。

（4）文章体例要求如下：

1）技术类文章，正文采用西式体例，即例 "1" "1.1" "1.1.1"，并一律左顶格。如文章层次较多，在 "1.1.1" 下，条目内容可依次用 "（1）" "①" 连续编号。

2）管理类文章，正文采用中式体例，文章层级一般不超过 4 级；即例 "一" "（一）" "1" "（1）"，其他要求不变。

（5）正文采用宋体、五号字、Word 文档录入，1.5 倍行距、单栏排版。

（6）文章须采用法定计量单位，并符合国家标准《量和单位》的相关规定。

（7）图、表设置应简明、清晰，每篇文章以不超过 8 幅插图为宜。插图用 CAD 绘制时，要求线条、文字清楚，图中单位、数字标注规范。

（8）来稿请注明作者姓名、职称、工作单位、邮政编码、联系电话、电子邮箱等信息。

（9）本刊发表的文章均被录入《中国知识资源总库》和《中文科技期刊数据库》。文章一经采用严禁他投或重复投稿。为此，《水利水电施工》编委会办公室慎重敬告作者：为强化对学术不端行为的抑制，中国学术期刊（光盘版）电子杂志社设立了 "学术不端文献检测中心"。该中心将采用 "学术不端文献检测系统"（简称 AMLC）对本刊发表的科技论文和有关文献资料进行全文比对检测。凡未能通过该系统检测的文章，录入《中国知识资源总库》的资格将被自动取消；作者除文责自负、承担与之相关联的民事责任外，还应在本刊载文向社会公众致歉。

（10）发表在企业内部刊物上的优秀文章，欢迎推荐本刊选用。

（11）来稿一经录用，即按 2008 年国家制定的标准支付稿酬（稿酬只发放到各单位联系人，原则上不直接面对作者，非网员单位作者不支付稿酬）。

来稿请按以下地址和方式联系。

联系地址：北京市海淀区车公庄西路 22 号 A 座
投稿单位：《水利水电施工》编委会办公室
邮编：100048
编委会办公室：杜永昌
联系电话：010 - 58368849
E - mail：kanwu201506@powerchina.cn

全国水利水电施工技术信息网秘书处
《水利水电施工》编委会办公室
2020 年 6 月 30 日